全国住房和城乡建设职业教育教学指导委员会建筑设计与规划专业指导委员会规划推荐教材

高等职业教育建筑与规划类专业『十四五』数字化新形态教材

室内照明与陈设设计艺术

赵肖丹 主编

孙耀龙 主审

中国建筑工业出版社

图书在版编目（CIP）数据

室内照明与陈设设计艺术 / 赵肖丹主编. --北京：
中国建筑工业出版社，2022.9
全国住房和城乡建设职业教育教学指导委员会建筑设
计与规划专业指导委员会规划推荐教材　高等职业教育建
筑与规划类专业"十四五"数字化新形态教材
ISBN 978-7-112-27790-2

Ⅰ．①室… Ⅱ．①赵… Ⅲ．①室内照明－照明设计－
职业教育－教材②室内布置－设计－职业教育－教材
Ⅳ．①TU113.6②J525.1

中国版本图书馆CIP数据核字（2022）第154205号

本教材为住房城乡建设部土建类学科专业"十三五"规划教材。主要内容分为模块1室内空间照明设计和模块2室内陈设设计艺术。模块1包括室内空间照明设计基本知识、室内空间照明应用设计；模块2包括室内陈设艺术概述、室内陈设设计分类和设计方法、室内陈设艺术的色彩配置、室内陈设设计的基本元素、不同空间类型的室内陈设设计，共7个单元。教材案例丰富，配以市场调研，实用性强，可作为高职建筑室内设计、建筑装饰工程技术、建筑设计等专业教材，也可供相关专业从业人员学习。

为便于本课程教学，我们向选用本书作为教材的教师免费提供教学课件，有需要者请与出版社联系，邮箱：jckj@cabp.com.cn，电话：(010) 58337285，建工书院 http://edu.cabplink.com。

责任编辑：杨　虹　周　觅
责任校对：张惠雯

全国住房和城乡建设职业教育教学指导委员会建筑设计与规划专业指导委员会规划推荐教材
高等职业教育建筑与规划类专业"十四五"数字化新形态教材

室内照明与陈设设计艺术

赵肖丹　主　编
孙耀龙　主　审

*

中国建筑工业出版社出版、发行（北京海淀三里河路9号）
各地新华书店、建筑书店经销
北京雅盈中佳图文设计公司制版
北京云浩印刷有限责任公司印刷

*

开本：787毫米×1092毫米　1/16　印张：13$\frac{1}{2}$　字数：294千字
2025年5月第一版　2025年5月第一次印刷
定价：49.00元（赠教师课件）
ISBN 978-7-112-27790-2
（39959）

前　言

随着人们生活水平的提高，对室内环境设计的要求也逐渐提高，高品质的生活环境成为普通民众的一种追求。光作为一种可感知的艺术形式，决定着室内设计的形象和色彩表现力。室内陈设设计艺术是室内环境的再创造，能赋予环境以个性、气质和意境，在塑造空间形象、提升艺术感染力及调节人心理状态等方面有决定性的作用。人们希望自己居住或工作的环境不仅要舒适、健康、美观，还要满足人们视觉和审美的需求。

《室内照明与陈设设计艺术》教材正是在这样的背景下，切实从行业、人才以及专业发展的需求出发，结合笔者多年的设计实践，以及近年来在教学过程中的探索与研究，结合新时代下新变化与发展趋势，力求使书中内容适应新时期专业发展需求及高质量教材的需求。教材选题入选住房城乡建设部土建类学科专业"十三五"规划教材。

本书将室内照明与陈设设计艺术分两个模块进行阐述。在编写上以课程教学为主导，系统论述该课程的完整内容，并在内容编排上辅以大量的示范图例、参考图表及优秀作品鉴赏等内容。各使用院校可根据各自的专业教学重点选择使用。

室内照明模块从光学的基本知识、电光源的选择、照明灯具、室内照明设计、照明流程管控与服务内容等全面、系统地阐述了室内照明设计工程的相关理论与实践。陈设设计艺术模块围绕室内陈设设计的关键知识点、技能点系统介绍室内陈设设计风格与流派、陈设设计的运用场合与设计思维、陈设设计的专业化等实践内容，从陈设历史出发，对居住空间、餐饮空间、办公空间和商业空间等的陈设设计进行多个知识点的讲解，以案例教学与学生实践指导为重点，并尽可能反映软装行业的热点与发展趋势，力求以新的视角、手段展开课程教学。突出专业性、应用性、前瞻性、有效性。本书定位准确、内容新颖、取材全面、图文并茂、语言简练。理论知识简明、实用，技能实训部分注重方案设计过程的思维训练引导，引用了大量的优秀设计案例，充实课堂教学内容，丰富教学信息。

本教材的教学建议学时数为 60 学时。

本书由河南建筑职业技术学院赵肖丹教授组织策划并编写第一模块的单元 1，单元 2 由台州职业技术学院薛玲雅、丁临媛编写，单元 3～4 由河南建筑职业技术学院李纳编写，单元 5 由河南建筑职业技术学院于胜男编写，单元 6 由河南建筑职业技术学院李纳、王文星编写，单元 7 由河南建筑职业技术学院王集萍编写，设计案例由河南蓝色实业有限公司（郑州）、东易日盛装饰公司、台湾袁宗南照明设计事务所提供，全书由赵肖丹教授统稿并修改。

在本书的整个编写过程中，我们得到了行业内同仁的鼎力支持，也得到校企合作单位通力配合。本书编写过程中借鉴和引用了部分文献及一些国内外的优秀设计实例及图片，在此，谨向提供设计案例的河南蓝色实业有限公司（郑州）、东易日盛装饰公司、台湾袁宗南照明设计事务所等单位，倪茹、乔飞、刘鹏、吴校沛、徐砚斌、管商虎、张振刚、赵焕、谢迎东、王志贤、侯丽娟等设计师和同行们深表感谢！由于编者水平有限，书中难免有疏漏和不足之处，敬请各位同仁和广大读者给予建议意见与指正。

编者

目　　录

1

模块 1　室内空间照明设计

单元1 室内空间照明设计基本知识

【教学目标】

1. 了解光源的种类、常见室内灯具类型及照明设计的新趋势与新技术；
2. 了解室内空间照明方式及照明种类，掌握电光源的选择应用原则；
3. 熟练掌握照明设计的基本程序与灯光设计的服务内容相关知识点；
4. 了解室内空间照明设计项目管理工作内容；
5. 掌握照明设计方案汇报与沟通技巧并能娴熟应用。

在当今社会，城市意象、建筑造型、基础设施、居住条件都发生了翻天覆地的变化。随着时代与科技的发展，室内空间照明设计开始逐步引入先进科学技术，随着灯具种类日益繁多，照明设计越来越多元化，形式越来越丰富。

光是一种语言，是一种精神文化的存在，是一种可感知的艺术形式，决定着室内设计的形象和色彩表现力。在塑造空间形象、提升艺术感染力、渲染室内气氛及调节人心理状态等方面有决定性的作用。

光环境是室内环境必不可少的组成部分，它直接影响人类的各种行为活动，对人的生理和心理产生较大的影响，它不仅能够产生不同的视觉效果，还能够构造空间、改变空间甚至破坏空间。在人们的生活中，光不仅仅是室内照明的条件，而且是表达空间形态、营造环境气氛的基本元素，照明作为一个实际表现和交流的工具，既要清晰可见，又要表达出设计的气氛与内涵，既要满足人们视觉功能的需要，又要提高室内空间的艺术感染力，满足人们审美的需求。

近年来，随着LED技术的不断进步，室内照明设计也朝着节能化、人性化、艺术化等方向发展。设计师可以通过对空间照明的创意设计和自由分割，构建出古典和现代交融，写实和抽象融合，动感和静感呼应，明亮和昏暗搭配的或和谐轻松，或动感时尚的环境空间光影效果，凸显照明的极致美感。

1.1 光源的种类与常见室内灯具类型

1.1.1 光源的种类

光是人们认识世界的必要条件。光源可以分为自然光和人工光两部分。

1. 自然光

所谓自然光，实际上就是以太阳为光源的光。它是自然界中最大的光源，更是变化多端的光源。太阳光会随时间、地点、季节、气候、角度等因素而变化其质、量与色彩等。由于变化因素多，所以是表情最丰富的光线，对室内设计而言，充满了挑战的趣味。

自然光具有节能、变化丰富的特点，其采光效果主要取决于采光部位和采光口的面积大小和布置形式。自然采光的方式多种多样，随着科学技术的不断进步，不断有新的方式涌现，目前常用的自然采光方式主要有以下几种：

（1）顶部采光。顶部采光光线自上而下，有利于获得较为充足的室外光线，光效果自然且照度分布均匀，光色比较自然，亮度比较高，产生的视觉效果较好。但直射光线会产生强烈的眩光，辐射热也会影响室内环境。

（2）侧向采光。根据窗的位置，侧向采光可以分为单向采光和双向采光，以及高侧窗采光和低侧窗采光。双向采光能够使室内环境获得较为均匀充足的光线，而单向采光比较容易实现。低侧窗采光照度的均匀性较差，高侧窗采光有利于光线射入房间较深部位，提高照度均匀度。

（3）导光管法采光。用导光管将太阳集光器收集的光线传送到室内需要采光的地方。

（4）玻璃幕墙采光。这是现代大部分写字楼的自然采光方式，缺点是比较耗能。

（5）搁板法采光。在侧窗上部安装一个或一组反射装置，使窗口附近的直射阳光经过一次或多次反射进入室内以提高房间内部照度的采光系统。

（6）导光板法采光。在侧窗上部安装镜面反射装置，阳光反射到达顶棚再利用顶棚的漫反射作用将自然光反射到房间内部。

（7）棱镜窗采光。利用棱镜的折射作用改变入射光的方向，使太阳光射到房间深处，由于棱镜的折射作用可以在建筑间距较小时获得更多的阳光。

在现代生活中，没有光就没有形象和色彩。光能勾画空间，表现形体，凸显层次，创造丰富的具有个性的艺术效果。用光来装饰环境，光的明暗和节奏把握得好，就会产生戏剧化的效果和令人向往的感觉。例如，英国伦敦南华克迈克尔·法拉第社区日光学校，这所创新性的学校采用独特的圆形建筑形式，由于楼宇的智能化和巧妙的顶部采光设计，创造了生动的空间场景，达到了预期的节能减排效果（图1-1）。

侧面进光设计的最大优势就是能够促使自然光线透过玻璃形成独特的光影效果。对设计师而言，要根据不同的空间类型巧妙设计、灵活运用。如图1-2所示的居所，其自然光是通过宽大的侧窗窗格的反射，在室内形成了柔和的、明暗的、层次丰富的光影关系，不仅有良好的景致，而且室内阳光明媚。

图1-1 英国伦敦南华克迈克尔·法拉第社区日光学校教学楼内景（左）

图1-2 某居所室内自然采光（右）

2. 电光源

根据光的原理，电光源主要有三类：热辐射光源、气体放电光源和固体发光光源。不同类型的光源，具有不同色光和显色性能，对室内的气氛和物体的色彩产生不同的效果和影响，照明设计时应按不同需要选择。

1）热辐射光源

热辐射光源是以热辐射作为光辐射原理的电光源，发光原理基于真空或中性气体中的灯丝通过电流加热到白炽状态引起的热辐射发光现象，常用的光源有白炽灯、玻璃反射灯和卤钨灯。白炽灯是历史最悠久的电灯，它的优点是结构简单、价格低廉、使用方便、显色性好；缺点是发热大、发光效率较低、使用寿命较短，如图1-3所示。卤钨灯是填充气体内含有部分卤族元素或卤化物的充气白炽灯，卤钨灯的管壁温度要比普通白炽灯高得多。卤钨灯的玻壳尺寸小，强度高，光效高，寿命长（图1-4）。国家发展和改革委员会、商务部、海关总署、国家工商行政管理总局、国家质量监督检验检疫总局联合印发《关于逐步禁止进口和销售普通照明白炽灯的公告》，从2012年10月1日起，按功率大小分阶段逐步禁止进口和销售普通照明白炽灯，我国已全面进入LED时代。

2）气体放电光源

主要是以原子辐射形式产生光辐射，根据光源中气体的压力，又分为低压放电光源和高压放电光源。

低压放电光源常见的有荧光灯、低压钠灯、霓虹灯等。

传统型荧光灯即低压汞灯，是利用低气压的汞蒸气在通电后释放紫外线，

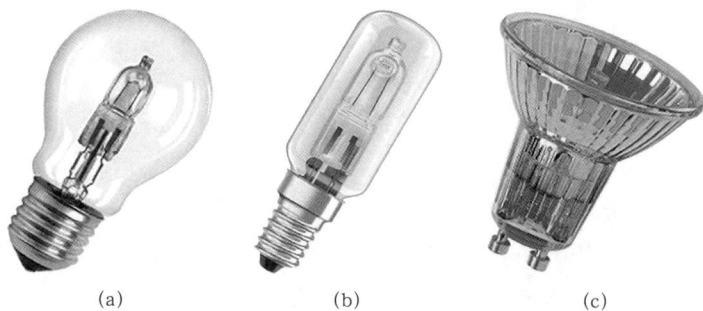

(a)　　　　　　　　(b)　　　　　　　　(c)

图1-3　白炽灯
(a) 标准型；
(b) 节能型；
(c) 反射灯

图1-4　卤钨灯

从而使荧光粉发出可见光的原理发光，属于低气压弧光放电光源。无极荧光灯即无极灯，它取消了传统荧光灯的灯丝和电极，利用电磁耦合的原理，使汞原子从原始状态激发成激发态，其发光原理和传统荧光灯相似，有寿命长、光效高、显色性好等优点。低压钠灯与高气压放电灯相类似，能够直接发射可见光，不过主要是波长585nm的可见谱线。

无论是荧光灯管还是荧光灯泡都是低能耗、高输出。荧光灯管可以用附加装置来调节灯光。常见的荧光灯种类如图1-5所示。主要介绍以下5种。

(1) 普通直管型荧光灯。这种荧光灯属双端荧光灯。常见标称功率有4W、6W、8W、12W、15W、20W、30W、36W、40W、65W、80W、85W和125W。管径常用T5、T8、T10、T12。规格中"T+数字"组合，表示管径的直径值。一个T=1/8in，1in为25.4mm，数字代表T的个数。如T12=25.4×1/8×12≈38mm。管径越细，光效越高，节电效果越好。灯头用G5、G13。T5显色指数大于30，显色性好，对色彩丰富的物品及环境有比较理想的照明效果，光衰小，寿命长，平均寿命达10000h。适于服装、百货、超级市场、展示橱窗等色彩绚丽的场合使用。T8色光、亮度、节能、寿命都较佳，适于酒店、办公、商店、医院、图书馆及家庭等色彩朴素但要求亮度高的场合使用。为了方便安装、降低成本和安全起见，许多直管型荧光灯的镇流器都安装在支架内，构成自镇流型荧光灯。

(2) 彩色直管型荧光灯。常见标称功率有20W、30W、40W。管径用T4、T5、T8。灯头用G5、G13。彩色荧光灯的光通量较低，适用于商店橱窗、广告或类似场所的装饰和色彩显示。

(3) 环形荧光灯。除形状外，环形荧光灯与直管形荧光灯没有多大差别。常见标称功率有22W、32W、40W。灯头用G10q。主要提供给吸顶灯、吊灯等作配套光源，供家庭、商场等照明用。

荧光灯

(a)

(b)

(c)

(d)

PL-S 7W   PL-S 9W   PL-S 11W

(e)

(f)

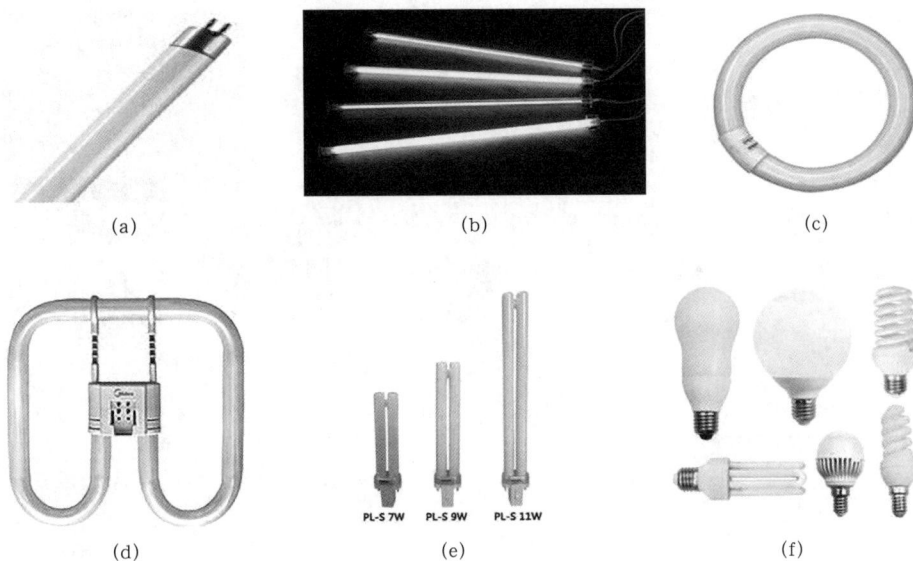

图1-5 荧光灯
(a) 普通直管型荧光灯；
(b) 彩色直管型荧光灯；
(c) 环形荧光灯；
(d) 分离式紧凑型荧光灯；
(e) 单端紧凑型节能荧光灯；
(f) 节能型荧光灯

（4）单端紧凑型节能荧光灯。这种荧光灯的灯管、镇流器和灯头紧密地连成一体（镇流器放在灯头内），除了破坏性打击，无法把它们拆卸，故被称为"紧凑型"荧光灯。由于无须外加镇流器，驱动电路也在镇流器内，故这种荧光灯也是自镇流荧光灯和内启动荧光灯。整个灯通过 E27 等灯头直接与供电网连接，可方便地直接取代白炽灯。

（5）节能型荧光灯。常见标称功率有 5W、7W、9W、11W、13W、18W、36W、45W、65W 等。

高压放电光源中最常见的就是金属卤化物灯。在高气压下，通过电子激发使气态的填充物质直接发射可见光。精确控制"稀土元素"的添加剂量，能够影响光的颜色和显色特性。高压放电光源的特点是灯中气压高、功率大、寿命长、耐冲击性好等。小型的在形状上和白炽灯相似，有时稍大一点，内部充满汞蒸气、高压钠或各种蒸气的混合气体。高压水银灯冷时趋于蓝色，高压钠灯带黄色，多蒸气混合灯带绿色。高压灯都要求有一个镇流器，这样最经济。如图 1-6 所示。

图 1-6　高压气体放电灯

3）固体发光光源

固体发光光源是在电场的作用下，固体物质发光的光源。它能将电能直接转化为光能。固体发光光源常见的有 LED 半导体发光二极管、无极感应灯等。

LED 灯，就是用发光二极管作为光源的灯具，在照明领域已得到广泛应用。主要产品有：LED 筒灯、LED 球泡灯、LED 灯管、LED 格栅灯、LED 吊灯、LED 台灯、LED 射灯、LED 天花灯、LED 日光灯、LED 无影灯、LED 应急灯、LED 地脚灯等，如图 1-7 所示。LED 在发光原理、节能、环保层面上都远远优于传统照明产品，具有节能、环保、寿命长、安全、可控、响应快、体积小、色彩

图 1-7　LED 灯
(a) LED 球泡灯；
(b) LED 嵌入式筒灯；
(c) LED 轨道灯；
(d) LED 嵌入式射灯；
(e) LED 日光灯；
(f) LED 面板灯；
(g) LED 带灯；
(h) LED 吊灯

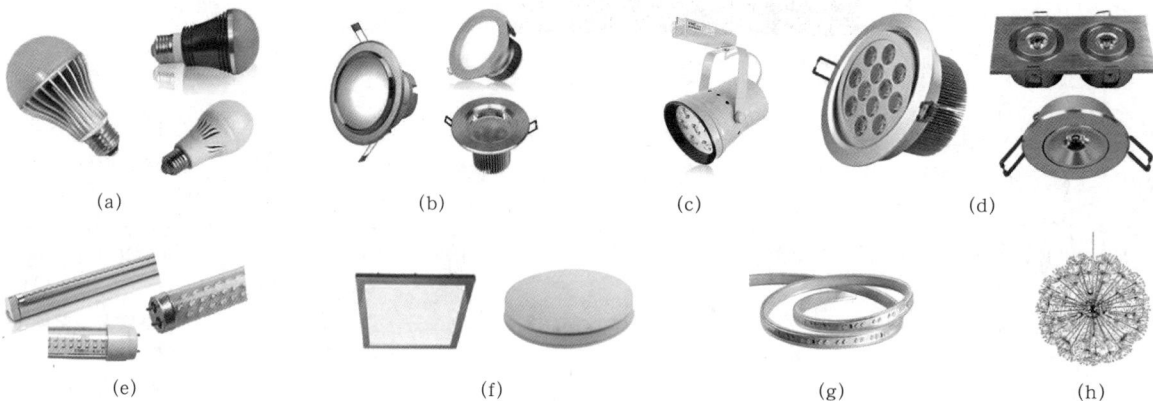

(a)

(b)

(c)

(d)

(e)

(f)

(g)

(h)

丰富等优点。主要用于居家装饰、商业空间、办公空间、酒店及建筑装饰照明等。

随着科技的进步，LED灯具各种风格的新产品不断走向市场，照明灯具随着时代的发展而变化，更加精致的工业风格正在回归，设计师可以用灯光灯具类型来营造空间氛围。图1-8中采用LED灯泡的工业怀旧风格设计，使整个空间温暖而清新。

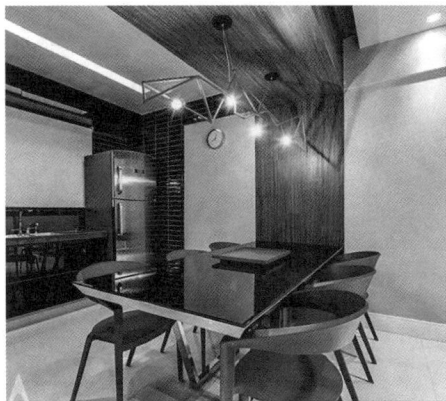

图1-8 温暖而清新的工业怀旧风格LED灯具

1.1.2 常见室内灯具类型

1. 按照安装方式和使用位置分

室内照明灯具主要有吸顶灯、吊灯、嵌入式灯、壁灯、轨道灯、台灯、落地灯等。

1）吸顶灯

吸顶式灯具应用广泛，就是将灯具直接紧靠顶棚安装，像是吸附在顶棚上。常用光源有LED灯、荧光灯、气体放电灯等。目前市场上最流行的LED吸顶灯，是家庭、办公室、文娱场所等各种场所经常选用的灯具，有带遥控和不带遥控两种，带遥控的吸顶灯开关更方便。常用吸顶灯的种类有：方罩吸顶灯、圆球吸顶灯、尖扁圆吸顶灯、半圆球吸顶灯、半扁球吸顶灯、小长方罩吸顶灯等。常见的灯具风格有：现代、中式、欧式、美式、轻奢华等，如图1-9所示。大型公共空间有时用自由组合式吸顶灯，外观选用超薄型材，可拼接成不同形状和图案，实现了灯具的自由组合形式，且具有调光调色的功能，可满足不同消费者多样化的需求，如图1-10所示。

2）吊灯

吊灯是用线吊、链吊和管吊来吊装的灯具。悬吊式安装是最普遍、最广泛的灯具安装方式。吊灯的种类很多，常用的有欧式烛台吊灯、中式吊灯、水

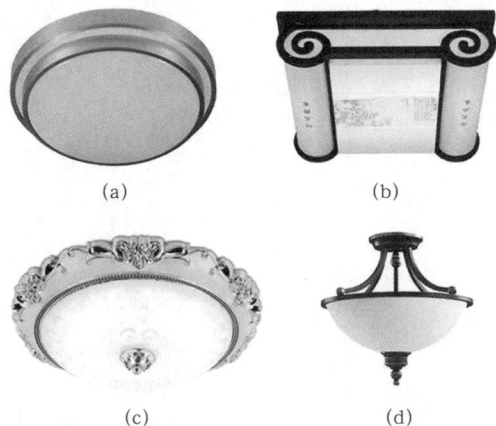

(a)　　　　　　(b)

(c)　　　　　　(d)

图1-9 家庭装修常用吸顶灯
(a) 现代；(b) 中式；(c) 欧式；(d) 美式

图1-10 某营销中心大厅的大型组合式吸顶灯

图1-11 艺术吊灯

晶吊灯、时尚吊灯四种类型。单头的吊灯高雅明亮，多头的吊灯一般为花卉造型，有一层多盏和多层多盏两种，颜色品种式样繁多，选购的时候不仅要注重美观高雅，还要从实际出发，考虑房间的整体风格以及安全用电等因素。

随着现代照明技术的不断进步，新材料、新工艺、新科技广泛运用，以及人们对各种照明原理及其使用环境的深入研究，突破了以往单纯照明亮化环境的传统理念，极大地丰富了现代灯具灯饰对照明环境的表现力与美化手段。现代时尚的艺术吊灯能为室内增添光彩，在房间中起到画龙点睛的作用。图1-11所示为几款时尚的艺术吊灯。

3）嵌入式灯

嵌入式灯是在有吊顶的房间内，将灯具嵌入吊顶内安装，灯口与顶棚大致相齐，此种安装方式能消除眩光，与顶棚结合能取得较好的装饰效果。常用的灯具有嵌入式筒灯、斗胆灯和射灯等。图1-12所示为品牌专卖店室内场景，由于该品牌的服装多为冷色调，为更好地凸显服装的材质，室内使用LED筒灯

品牌专卖店嵌入式灯具照明

(a)

(b)

图1-12 嵌入式灯具及其应用
(a) 品牌专卖店嵌入式灯具照明；
(b) 嵌入式筒灯

和一体化轨道式射灯为衣饰进行重点照明，不仅能有效吸引店中顾客对产品的关注，还能为通道提供很好的辅助照明，从而为顾客营造舒适的购物环境。

4）壁灯

壁灯是安装在墙壁上或者庭柱上的辅助照明装饰灯具。主要用作室内装饰照明和局部照明，一般多配用乳白色的玻璃灯罩，光线淡雅和谐，可把环境点缀得优雅、富丽。壁灯安装的高度要根据整体空间格局情况及实际需求来确定，一般墙壁的3/4或者2/3位置被认为是"黄金分割点"，能够保证有比较舒适的照明效果。壁灯的种类和风格样式较多，一般常见的有新中式风格壁灯、欧式风格壁灯、简约风格壁灯、田园风格壁灯等，如图1—13所示。壁灯的选用视房间装修风格而定。

5）轨道灯

轨道灯就是安装在类似轨道上面的灯，可以任意调节照射角度，一般作为射灯使用在需要重点照明的地方。某专卖店（图1—14）主要通过模拟场景的形式，展示其优质的家居商品，根据场景的性质，设计了相应的灯光环境。各部分展示区主要使用具有引导性的LED一体化轨道式反射灯，窄角度和宽角度相互配合，打造优质光效。

6）台灯

台灯主要用于局部照明，是放置于桌面上或工作台面上的一种灯具，如图1—15所示。台灯主要是便于阅读、学习、工作，此外，还有装饰作用。最新科技的台灯，能像机器人一样，会动、会跳舞、自动调光、播放音乐，附

图1—13 壁灯
(a) 新中式风格；
(b) 现代风格；
(c) 简约风格；
(d) 复古工业风；
(e) 北欧风格；
(f) 美式风格；
(g) 欧式风格；
(h) 田园风格

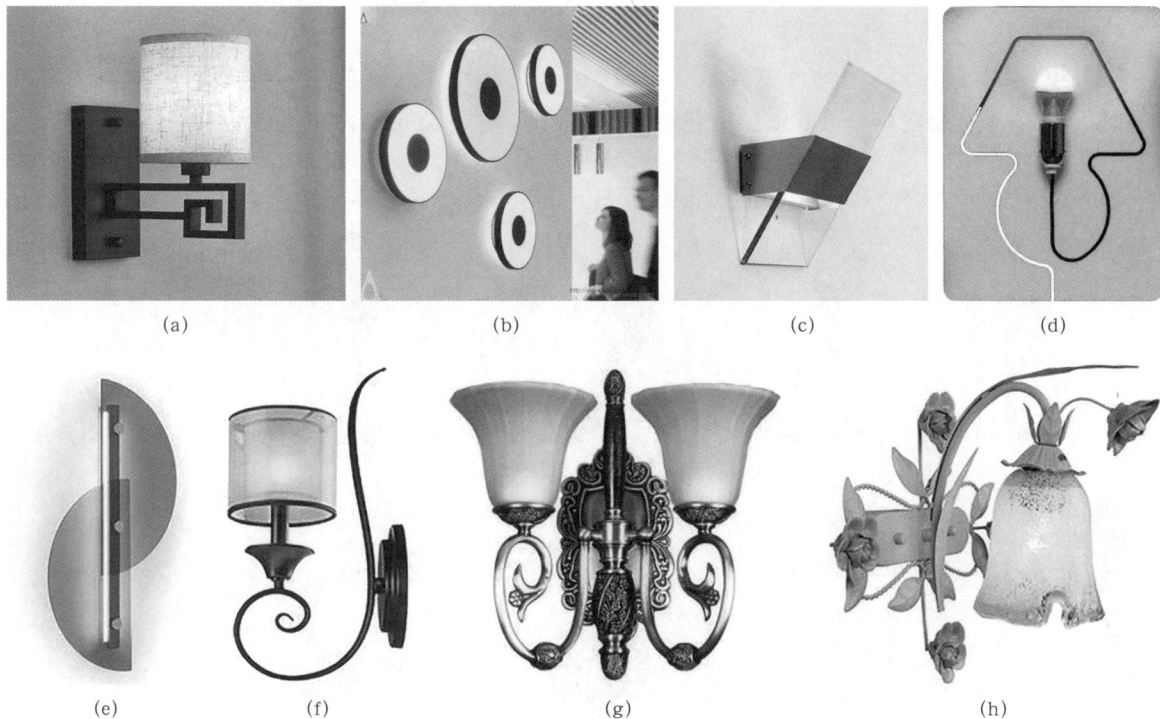

(a)　　　(b)　　　(c)　　　(d)

(e)　　　(f)　　　(g)　　　(h)

(a)

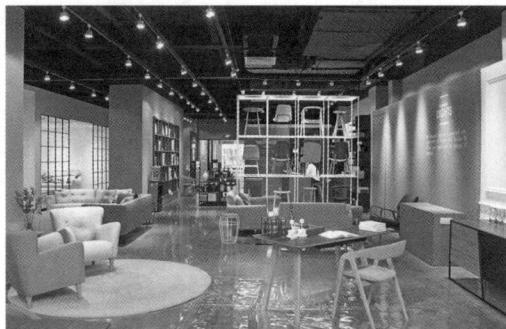

(b)

带时钟、视频、触摸等功能，台灯已变成了一种艺术品，有些工艺台灯还具有一定的收藏价值（图 1—16）。台灯的光源一般有四大类：白炽灯、卤钨灯、荧光灯和 LED 灯泡。根据风格分类有现代台灯、仿古台灯、欧式台灯、中式台灯等。

7）落地灯

落地灯主要用于局部照明和装饰照明，对于局部气氛的营造十分实用。落地灯一般由灯罩、支架、底座三部分组成，落地灯的灯罩下边一般应离地面 1.8m 以上。现在流行的一些现代简约主义家居设计中，时尚独特的造型与方便使用的落地灯，越来越受大众追捧，如图 1—17 所示。

2．按照灯具应用空间分

1）居住空间照明灯具

常见灯具产品类型：吊灯、吸顶灯、槽灯、壁灯、台灯、落地灯、风扇灯、镜前灯、过道灯、集成电器等。

例如，某客厅采用了无主吊灯照明设计（图 1—18），以点状分布在顶棚的 LED 反射灯来代替主灯，可以更加精准地达到照明的目的。灯带则为暗藏在

图 1—14 轨道灯具及
　　其应用（左）
(a) 轨道射灯；
(b) 专卖店照明中轨道
　　射灯应用
图 1—15 某休闲空间
　　台灯设计（右）

图 1—16 工艺台灯

图 1—17 落地灯的创意设计

吊顶内的间接照明，以丰富空间层次、营造更为贴切的灯光氛围，在确保其出色光效的同时，最大限度地降低能耗。图 1—19 所示为某卧室的照明设计，动感时尚的落地灯、艺术吊灯与简洁的壁灯的应用，打造了一个舒适、健康、时尚的家居环境。

常用灯具产品风格：经典中式、经典欧式、现代简约、轻奢美式、新美式、新欧式、新中式等。

2）公共空间及商用照明灯具

常见灯具产品类型：吊灯、LED 筒灯、高压灯带、洗墙射灯、格栅射灯、泛光灯、LED 面板灯、线条灯、防水筒灯、格栅灯、可调明装筒灯、嵌入式筒灯、3D 全息投影灯、轨道灯等。灯具应用空间：办公空间、酒店及餐饮空间、博物馆、美术馆、商业空间等。图 1—20 所示为某餐饮空间的照明设计，大量使用具有强烈个性和较好装饰效果的艺术吊灯，空间活泼而生动；图 1—21 所示为面向未来科技的展览馆室内照明创意设计，智能照明系统和极具造型感的幕墙造型使灯光与建筑结构完美融为一体，干净利落地呈现了一块晶莹剔透的城市"巨石"。

图 1—18 舒适的客厅照明与灯具选用（左）

图 1—19 舒适健康的卧室灯光设计（右）

图1-20　餐饮空间富有装饰效果的艺术吊灯（左）

图1-21　某展览馆照明设计（右）

3. 按照灯具材质分

目前，我国市场上灯具种类繁多，新材料、新技术、新形态不断出现，为满足人们的社会、文化及精神需求，灯具材质也多种多样。常见的有平板水晶灯、铝材灯、铁艺灯、木艺灯、布艺灯、亚克力灯、玻璃吊灯、水晶吊灯、全铜灯、陶瓷灯、仿羊皮灯等，如图1-22所示。

4. 按照灯具风格分

常用的有中式风格灯饰、新中式风格灯饰、复古工业风格灯饰、欧式风格灯饰、美式风格灯饰、田园和乡村风格灯饰、地中海风格灯饰、泰式风格灯饰、日式风格灯饰、现代简约风格灯饰、轻奢后现代风格灯饰、新古典风格灯饰等，如图1-23所示。

(a)

(b)

(c)　(d)　(e)　(f)

(g)　(h)　(i)

图1-22　几种常见材质的灯具

(a) 木艺灯；

(b) 玻璃吊灯；

(c) 平板水晶灯；

(d) 真皮蜡烛灯；

(e) 仿羊皮灯；

(f) 水晶吊灯；

(g) 铁艺灯；

(h) 布艺灯；

(i) 陶瓷灯

图 1-23 常见的灯具
风格
(a) 中式风格灯具；
(b) 新中式风格灯具；
(c) 复古工业风格
灯具；
(d) 欧式风格灯具；
(e) 现代简约风格
灯具；
(f) 轻奢后现代风格
灯具；
(g) 田园风格灯具；
(h) 新古典风格灯具；
(i) 地中海风格灯具

1.1.3 光环境设计的趋势与照明新技术

1. 现代室内光环境设计趋势

1）智能化趋势

随着高科技的迅猛发展，以及现代人对高品质生活的执着追求，推动了照明智能化的应用与发展，智能化照明已呈现普及化的发展态势。近年来，火热的 LED 照明灯市场发展，必然促使智能化的室内光环境设计引领未来的发展潮流。照明智能化不仅是调光开关的控制和调整光源色温，现已达到数位式智能化的要求。智能化照明不仅能提高能源利用效率、降低成本、改善工作环境，还能满足调光需求以及视觉舒适度的要求。

2）绿色照明

完整的绿色照明内涵包含高效节能、环保、安全、舒适 4 项指标。绿色照明工程要求人们不要局限于节能这一认识，要提高到节约能源、保护环境的高度。光环境的作用则在于创造舒适、优雅、活泼、生动或庄重严肃的特定环境气氛，光对人的精神状态和心理感受产生积极的影响。随着人类对能源可持续使用理念的日趋重视，绿色照明已经是新的趋势与要求。绿色照明就是要充分利用现代科学技术的新成果，不断研究出高品质新光源，开发出采光和绿色照明新材料、新系统，通过与照明工具造型的充分结合，可以放射出多样化的美丽光线，能够促使灯光与室内空间的融合更为自然。新型灯照材料在光环境设计中的应用，是高新技术发展的必然结果，更是未来室内光环境设计的主流发展方向。

3）个性化设计

现代化的光环境设计已超越了纯粹的功能性设计需求，成功的光环境设计从根本上讲是技术和艺术的完美结合体。个性化的室内光环境设计不但能够适应现代人的生理与心理需求，而且能够适应人们对光环境的独特审美要求，为生活在室内空间的人们提供心理愉悦功能。个性化的光环境设计会成为室内光环境设计的发展主流。

2．照明设计新技术

随着照明工业的发展，越来越多的新技术被应用到照明设计中，在建筑装饰行业中，照明的地位也在不断提高，特别是近些年来，光环境、光空间、光艺术等概念在国内越来越引起行业的重视，照明设计也已经脱离了纯粹谈技术的层面，上升到设计理念的层次，设计师开始运用各种各样的新技术来创造出奇异的照明艺术。

1）光导纤维技术

光纤导光是源于光线的全反射原理。当光线在两个均匀、各向同性的透明物质中传播时，在其界面上会发生反射和折射。光线照明系统由光源、投光系统和光纤三部分组成。光源发出的光，经过投光系统汇聚后，射入光纤。光纤照明通常用于博物馆照明、安全照明、展览

图1-24　银行办公空间的光纤照明

照明等。图1-24所示为第比利斯市的格鲁吉亚银行总部的装修，设计师采用一种特殊的半透明的混凝土材质，将半透明混凝土里嵌入数以千计的光纤覆盖在办公室房间的墙壁里，从而达到明亮的效果。

2）LED显示墙液晶照明技术

液晶显示的亮度高，均匀分布，显色性强，并且轻薄、低耗能。液晶显示的效果良好。其照明方式有直射照明方式、侧光照明方式、面光源方式和外光方式。

3）激光照明技术

激光照明的工作原理是利用电脑控制步进电动机的转动和定位。当激光

束照在内置的镜片上时，可以有多种反射形式，以达到多种图形效果。匹配的控制系统可实现声控、平控和直通等功能，达到声光同步，效果可谓绚丽多彩（图1-25）。

图1-25　激光照明

4）泛光照明技术

泛光照明通常是利用投光灯或散射光源实现环境及建筑物的亮化，现代的泛光照明工程是照明技术与照明艺术的完美融合，通过光与影的效果，渲染出亮丽而雅致的场景，泛光照明常用于展厅立面、广告牌和雕塑等。泛光照明技术灵活多变、节能环保，可通过导轨式小型灯具引入小空间的照明。泛光照明灯具一般安装在地面、墙或柱子、高杆等地方，同时要考虑受风面积及拖拽系数，以保证泛光照明工程的安全。

5）能源科技照明技术

如墙体采用太阳能电池板和LED灯，白天的时候太阳能电池板将太阳能存储为电能，在玻璃板的后面加装LED灯，用于晚上幕墙的灯光效果，所有LED灯所用的电能均来自白天太阳能电池板产生的电能，大大地节约了能源。LED灯光通过电脑控制，在外幕墙表现出各种图像，增加了建筑的艺术效果。节能是照明设计未来发展需要着重考虑的，也是未来照明设计所强调的。

6）大数据应用

大数据是未来照明规划及节能策略的重要依据。通过夜间活动、使用者、使用时间、使用方式的数据分析能够得到更加客观、具体的设计指导。大数据在照明设计的过程中可以帮助设计师进行精细规划，综合判断光照强度、需要光的位置以及使用者需求，既能完善照明功能，又能节省电量。

7）VR/AR虚拟照明

VR/AR虚拟照明可以让更多的人参与到夜间生活探索中来。在许多不需要重点打光的位置，可以通过虚拟照明的方式，帮助人们探索夜景。无论是虚拟现实还是增强现实的手段，都可以让人们在夜间享受不同风景，感受不同心境。

另一种方式是如同全息投影一般地开展，让灯光代替现实体量。灯光不再仅仅是建筑表面的点缀，而化作实体一般，真实可触。城市也不再是建筑的围合，而是数据光的幕布，空间和城市空隙得以延展与补充。

8）互动照明

互动性一直是设计师的一个兴趣点。许多建筑师一直致力于让建筑成为人与实体沟通的桥梁。而光就是一个很好的出发点。当有人的时候开启，没人的时候光照减淡，在达到节能的同时可以提供更多有趣的互动机会。公共空间照明的互动性引入可以承担不同活动，并触发更多有趣的行为。"互动照明设计＋情景式体验"已成为商业照明设计的主流，比如：灯光互动墙、地面压力灯等，引导顾客互动参与，吸引顾客驻足观赏，配合商业购物中心灯光设计的情景式体验，全新打造高端商业照明设计项目。除了洗墙式的氛围灯光，在商业空间的重要墙面或地面位置经常可以看到投影装置，这种独特的氛围灯光无疑给人们带来了惊喜和高级感。

韩国艺术家 HAn Lee 使用 200 多个灯泡制作了一个灯泡装置——LAm X。200 多枚灯泡垂直悬挂，产生了错综排布的光源，在灯光交替闪烁的时候既像下落的雨滴，又像是天空的繁星。当人们从前方走过时，会产生数字感应光波，在背景墙上产生一圈圈"涟漪"，如图 1—26 所示。

图 1—26 互动照明

1.2 光环境设计的基本认识

1.2.1 光的视知觉特性

1. 光的属性

每种光源对色彩的影响都有其独特的一面，下面我们从色温、显色性两个方面来讨论光的属性。

1）色温

色温指光源的色彩品质，以开尔文（K）为单位。通常情况下，色温越高，光越偏冷；色温越低，光越偏暖，如图 1—27 所示。就好比当一个物体燃烧起来的时候，开始火焰是红色，随着温度升高变成黄色，然后变成白色，最后蓝色出现了。

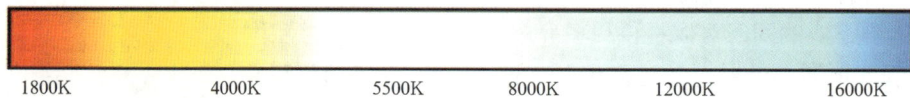

| 1800K | 4000K | 5500K | 8000K | 12000K | 16000K |

图 1—27 光色与色温的
关系

图1-28 不同光源的
　　　 色温效果
(a) 2700 ~ 3200K；
(b) 4000 ~ 4500K；
(c) 5500 ~ 6000K

　　图1-28所示是同一室内不同光源的色温参考图：色温处于2700 ~ 3200K
时，光源的色品质是暖白色，给人一种暖光效果；色温处于4000 ~ 4500K时，
光源的色品质介于黄与白之间，给人自然白光的效果；色温处于6000K时，光
源的色品质是正白色，给人一种冷光效果。

　　正确的灯光颜色能提升房间的外观及感觉，自然光或冷白光可以强化房
间内的中性色、蓝色和绿色。冷白光最好用于需要明亮白光的区域，如商店、
车库／仓库、医院、办公室和商业建筑的安全照明及户外照明。自然白光为
空间提供自然、明亮与包容氛围，可用于餐厅、大堂、办公室，或卧室、厨
房、浴室。暖白光可以用于增强房间的黄色、橙色、红色和棕色，用于需要淡
黄色暖光的区域，可用作装饰照明，如珠宝展示区、橱柜、展示柜。暖白光让
人觉得愉悦舒适，也可用于酒店服务区或卧室、客厅、餐厅。

　　2）显色性

　　光对物体的显色能力称为显色性，是光源的一个重要性能指标，通常情
况下用显色指数衡量。显色指数指物体在某个光源下相比标准光源下所呈现出
来的色彩精确度。显色指数越高，物体呈现的色彩就越丰富、饱和。一般来
说，宽谱光所含波长的质量比较均匀，因此能为所有颜色提供匀称的显色；窄
谱光会让一些色彩看起来单一（表1-1、表1-2）。

　　显色指数和色温是不同的测量法则。两种光源可以拥有相同的色温但显
色指数可以完全不同（图1-29）。比如，氙气灯与水银蒸气灯相比，它们的色
温都是5900K，但氙气灯的显色指数是100%，而水银蒸气灯的显色指数却低
于20%。

　　2. 光与色彩的互动

　　无论自然光、人工光还是烛光，任意光源都会改变色彩的呈现。没有光

显色指数应用示例 表1—1

显色性组别	显色指数范围	色表特征	应用示例	
			优先	允许
1A	$R_a \geq 90$	暖、中间、冷	颜色匹配、医疗诊断、画廊	—
1B	$90 > R_a \geq 80$	暖、中间	家庭、旅馆、餐厅、商店、办公、学校、医院	—
		中间、冷	印刷、油漆、纺织行业、视觉费力的工业生产	—
2	$80 > R_a \geq 60$	暖、中间、冷	工业生产	办公室、学校
3	$60 > R_a \geq 40$	—	粗加工工业	工业生产
4	$40 > R_a \geq 20$	—	—	粗加工工业、显色性要求低的工业生产

常用光源的显色指数 表1—2

光源	高压钠灯	暖白荧光灯管	冷白荧光灯管	豪华暖白荧光灯管	日光色荧光灯	白炽灯
显色指数R_a	25	55	65/85	70	80	100

图1—29 同一个苹果在色温相同、光源类别不同下的显色指数
(a) 2700K CRI100；
(b) 2700K CRI90；
(c) 2700K CRI80；
(d) 2700K CRI70

就没有色，色彩不能独立存在，自然光和人造光影响着我们观看和感知色彩的方式。人的肉眼可以看见的颜色超过七百万种，波长以纳米（nm）为单位，可视光谱范围从 400～700nm。红色波长是 650～700nm，紫色波长为 390～430nm。

日光是通过阳光在大气层中过滤而成，被认为是一种理想的光源，其颜色和强度会不断发生变化。一般将日光分成三个类别，太阳升起时段的晨光，中午时分的日光，太阳下山时分的夕阳光。一天之中的太阳光不断发生变化，但平均色温是 5600K。接近太阳升起和太阳下山的那些时间，日光色温约 3000K，光色看起来更红，中午时分太阳色温接近 6500K 的时候会看起来更蓝。无论自然光、人造光还是烛光，任意光源都会改变色彩的呈现。红花在阳光充沛的白天色彩明亮，花与叶的色彩对比鲜明，在黄昏时分看起来黯淡，花与叶对比也不明显。

3. 视觉感光的特性

建筑的形象与空间表达同样离不开光，离不开人对光的视觉感受。光是人视觉的自然属性。

视觉感光是人脑对光进行再处理、综合的过程，是指人在感受光时，光线由视神经传入人脑，经由人脑加入心理因素和感情因素后得到结果。无论画家或设计师都可以利用人们的心理和感情来用光，以达到特别的效果。这个综合的过程中还可以产生视觉和触觉的互换。比如，有时我们会觉得五颜六色的光色带来甜蜜的感觉，看到凹凸的石质表面会让人想到触摸石头的粗糙感。

人眼机能决定了人们可以以色彩的方式感知光。人眼视网膜里有两种感光的神经末梢，一种用来对付强烈的光和色彩，另一种用来对付暗光。对光丰富的色彩知觉是人眼对光敏感的表现。

明度在视觉感知中也起着重要作用，它最适合表现物体的立体感和空间感。明度依赖于客观物体或光斑反差的各种条件，也依赖于眼睛的适应状态。明暗之间的突然变化会引起强烈的视觉感受。当某一区域的周围是黑暗的，那么这个区域一般看上去比较亮。光与影、明与暗都是出现在人眼中典型的明度变化对比。

4．光特性在设计中的运用

利用视觉感光的过程性和人眼对光的色彩感知特性，以及明与暗的对比、光与影的配合特点，对于有效表达建筑室内空间效果有很大帮助。光照不仅可以构成空间，还可以改变和美化空间，直接影响物体的大小、形状、色彩和室内环境的艺术效果。

1）调整空间秩序

如舞台灯光用一道强光来将观众的视线集中到某一特定的局部空间，在全黑的场景中用追光把观众的注意力汇聚到关键演员的表演上，舞台中间布光强，四周偏暗以突出主要的表演空间，用大起大落的光线明暗对比来表现空间场景的突然变化等（图1-30）；灯光闪烁的舞厅让人体会的是各种活跃而运动着的空间；光线均匀布置的阅览室展现的是安静、平和的气氛，如图1-31所示。

2）塑造空间场景

光甚至比实体的墙柱具有更多灵活性、可变性和给人带来更大的震撼力和遐想。如雅昌书墙照明设计，让书墙不只是存放、展示书本的地方，更是呈

图 1-30　表演空间光线的明暗对比（左）
图 1-31　安静、平和的阅览室（右）

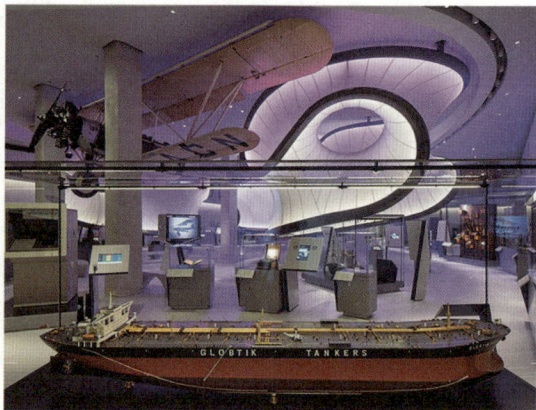

现人类知识文明、文化力量的空间。照明设计师希望能强化这些浩瀚的力量，在人的律动过程中，人与书的互动也不断地变动着，照明能恰如其分地传递书墙纯粹的空间特质，并与参观者产生情感的交流与共鸣，如图1-32所示。

光可以创造心理领域的空间，也可以以光源为中心塑造一个能表达设计主题的空间场景。例如，知名建筑师扎哈·哈迪德（Zaha Hadid）设计的伦敦科学博物馆全新数学展馆（图1-33），其以20世纪20年代飞机的风洞为模型，顶棚上悬挂的飞机为展馆的设计灵感。基于在飞行中包围飞机的空气流量，巨大的三维卷曲在空间上形成一个冠层，半透明的起伏形式被紫色灯光照亮。这个展馆设计中充分体现了数学在人们日常生活中的诸多运用和影响，将看似非常抽象的数学概念转化为具象的物质形式进行展示，非常有趣，给参观者带来非凡的感受。

3）表现空间尺度

光的强弱不同，人对物体的比例与形状的感觉也会有所不同。光强的部位视觉感受清晰，而弱的部位视觉感受模糊。这与距离远近的视感变化相似，故空间就有了深度感和层次感，如图1-34、图1-35所示。

图1-32 书墙照明呈现的文化力量空间（左）

图1-33 科学博物馆数学画廊（右）

图1-34 流光溢彩的餐厅灯光设计（左）

图1-35 某会所室内照明（右）

图 1-36 某办公场所
不同方位房间的用
色方案
(a) 暖色；
(b) 冷色

4）指引室内选色

随着太阳光的强弱和照射角度发生变化，房间的颜色也会改变。朝南：高空光线能将冷暖色的最好状态呈现出来，用深颜色会显得比实际明亮，用浅颜色会显得很有光泽。朝北：自然光线凉爽，用亮丽的颜色比柔和的好。朝东：正午前东边的光线是温暖的黄色调，但一过午后就开始转蓝。这种朝向的房间很适合用红色、橙色和黄色。朝西：在黄昏时分的光线很美、很温馨，但在晨光时分有阴影且色彩显得比实际暗淡。所以，不同方位房间在选色和选用灯具时要慎重考虑。图 1-36 所示为某办公场所不同方位房间的用色方案。

5）营造空间氛围

空间氛围的营造与渲染是一种较为微妙的处理手法，环境气氛可以是自然的，也可以是抽象的，还可以是装饰性的。如通过装饰性灯光色彩，突出光影，用以暗示一些特定的环境。室内空间设计中，光和影是营造空间氛围的核心元素，利用光和影的对比与变换，营造多种空间状态和艺术氛围，提升室内空间的趣味性。光的明暗、动静、冷暖、虚实带给我们不同的心情，光渲染的气氛对人的心理状态和光环境的艺术感染力有决定性的影响。例如，世博会德国馆利用动感的光影效果（图 1-37），加上面向未来的能源科技照明技术，较好地表达了绿色、环保、科技与创新的设计主题，增强了空间的艺术感染力。

6）表现文化内涵

灯光设计不仅是实用性的要求，也是光影艺术的展示途径。设计中有效利用灯光色彩，能显著提升室内空间的审美和艺术价值。还可以运用光的文化性功能和情感意识进行创作。基于不同地域和不同民族对光的偏爱和独特使用方式，空间光环境设计时，灯具的造型、材料、色彩以及灯光的明暗、强弱、隐现对于表现和烘托室内空间文化内涵也具有重要意义，要进行有效控制，提升空间审美价值。如图 1-38 所示的用灯箱表达上海城市意象的展厅设计，光源的选择与照明灯具设计就恰到好处，在环境塑造中充分展现了灯光的魅力。

图 1-37 世博会德国
馆动感光影效果

图1—38 用灯箱表达上海城市意象的展厅设计（左）

图1—39 LED光棒装饰效果（右）

7）装饰空间环境

光和影编织的图案、光洁材料反射光和折射光所产生的晶莹光辉、有节奏的动态变化、灯具的优美造型都是装饰环境的重要元素，引人入胜的艺术焦点。图1—39所示某观演厅LED光棒模拟光束发散投影效果，形成视觉连续性，投射的光束好像在空中飘浮，削弱了支撑结构的存在感，形成一种悬浮的艺术效果，营造了一种轻松、穿透的空间氛围。

8）切割室内空间

图1—40所示是一个被光线切割的办公空间，在不大的空间内，设计者将焦点调节到顶棚的照明上，在简约稍显沉闷的白色空间里，给人眼前一亮的视觉体验。光线在空间里面肆意流动和游走，增加了空间的层次感和线条感，光线串联起空间的同时，加强了灰色和白色顶棚的明暗度对比。

9）重构视觉艺术

图1—41所示为菏泽项目展示中心的照明设计，其创意在于让光游走于不同物体间，重新定义了光是如何在不同悬浮空间的物体上飞行扭转后创造出轨迹的。设计师巧妙地在部分空间尝试摒弃光的视觉感，以全新的艺术装置角度处理建筑材料的二次映射，利用空间各种材质交界处人影互动的参与关系，实现了所有灯具隐藏的大胆设想，不同配光的搭配使用使空间中的环境光照明与重点照明可以实现完美配合。人们行走在空间中仿佛置身于虚拟世界，新奇独特，美轮美奂，实现了空间灯光功能使用和梦幻变化的视觉效果。

图1—40 流动的办公空间（左）

图1—41 菏泽项目展示中心照明设计新奇独特（右）

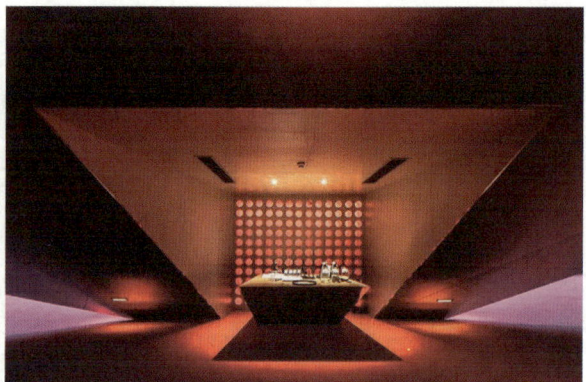

1.2.2　电光源的选择应用

1.光环境设计的影响因素

光环境设计主要就是解决功能、美学和健康三者之间的关系，光环境设计必须充分考虑以下几个方面：照度的要求，亮度与照度分布要求，限制眩光的要求，立体感的要求，光色的要求，艺术美的要求，经济性的要求。

1）照度水平

照度是指单位面积上所接受可见光的光通量，单位为勒克斯（lx），以符号 E 表示。合适的照度应保持在一个人们感觉舒适的范围内。照明设计中应根据空间的实际情况选择合适的照度，照度过高造成眩光，过低满足不了视觉需求。不同的空间对光照的设计要求不同，合适的照度为国家根据经济发展水平和人体工学等因素而正式颁布的照度标准。

2）亮度与照度分布

室内照明环境不但应使人能清楚地观看事物，而且应该给人以舒适感。亮度对比太弱，物体轮廓不清楚，亮度对比太强，容易产生眩光，通常用照度比和反射比作为亮度分布应达到的要求。因此，在整个视野内，需要有合理的亮度分布。而亮度的分布取决于三个因素：物体的视角、物体与背景之间的亮度对比、背景的亮度。室内各部分最大允许亮度比为：视力作业与附近工作面之比 3：1；视力作业与周围环境之比 10：1；光源与背景之比 20：1；视野范围内最大亮度比 40：1。通常采用提高背景亮度、照度等手法来控制，亮度的分布是建立在足够的照度基础上的。

控制整个室内的合理亮度比例和照度分配，与灯具布置方式有关。在实际应用中，工作面的照度受照明质量的影响较大，对照度的要求也较高。当环境要求有较高的照度均匀度时，可采用间接型、半间接型灯具或者用发光顶棚、光梁、光带等建筑化照明形式，但耗电量大、造价高。室内的照明地带分区有顶棚地带、周围地带和使用地带。顶棚地带常用作一般照明或工作照明；周围地带处于经常的视野范围内，照明应特别需要避免眩光，并简化；使用地带的工作照明需要按国家颁布的有不同工作场所要求的最低照度标准设计。

3）眩光的控制

眩光是指视野中由于不适宜亮度分布，或在空间或时间上存在极端的亮度对比，以致引起视觉不舒适和降低物体可见度的视觉条件。眩光产生的原因，一是视野内的亮度太高，二是有强烈的亮度对比。灯具产生眩光与光源的亮度、光源的位置、光源的外观大小与数量、人的视角及周围环境有关。

眩光可分为直射眩光、反射眩光。防眩光的措施：由强光直射人眼而引起的直射眩光，应采取遮阳的方法；对人工光源，避免的办法是降低光源的亮度、移动光源位置和隐蔽光源。当光源处于眩光之外，即在视平线45°之外，眩光就不严重，遮光灯罩可以隐蔽光源，避免眩光，如图1-42所示。

因反射光引起的反射眩光，决定于光源位置和工作面或注视面的相互位置，避免的办法是，将其相互位置调整到反射光在人的视觉工作区域之外、降

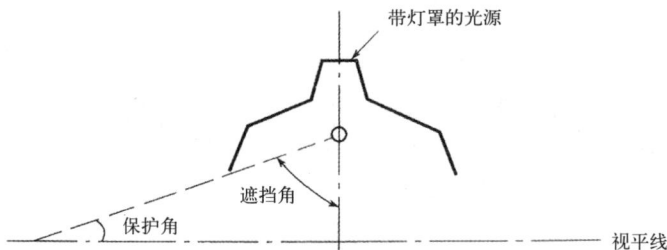

图 1-42 遮光灯罩的遮光范围

低光源亮度、增加周边环境的亮度、改变光的透出方向等手段。

4）光色的要求

光在空间中的色彩感觉对空间环境气氛影响很大。光的颜色按照视觉效果可分为冷色和暖色。暖色光给人以温暖、舒适、欢快的气氛，冷色光给人以凉爽、安静的气氛。为了满足一定的色彩效应，在相应的空间内，尽量不要过多地运用多种光色的光源，以免在人们的心理上产生不协调、不安定的感觉。

光的色彩感受照度的影响。当采用低照度时，以暖色光为佳，当照度上升后，光源色温也相应增加。由于光源的显色性，使得这些不同的光谱成分照射在颜色一致的表面时，会产生完全不同的表面色彩，因此，我们可以在照明设计中根据光对环境的光色特性以及对室内环境空间的显色作用，创造和谐的环境空间的色彩。

5）艺术美的要求

光不仅要满足基本的采光和照明等要求，还应根据室内空间的艺术性构思要求，运用光在塑造形象、营造空间、渲染气氛、突出重点、表现色彩、装饰环境、烘托和表达室内文化内涵等方面的作用来进行光环境设计。

6）经济性的要求

光环境设计的经济性主要指在满足光环境设计要求的情况下，尽量选择高效、节能、便宜、易于安装的照明方式和灯具。光环境设计应达到经济性、功能性和艺术性的统一。

2．电光源的选择应用原则

照明设计必须做到以人为本，关注人在光环境中的身心感受，努力为人创造舒适、健康、高效的工作环境和氛围。电光源的选用，一般要求显色性好，光效高，节能、环保、具有良好的启动性能和较稳定的发光，使用寿命长，性能价格比好，并和环境条件相匹配的光源。设计时，应根据被照对象和场所对光源特性的要求，选择照明光源。

1）按照明设施的目的和用途选用光源

不同场所照明设施的目的和用途不同。对显色性要求较高的场所应选择显色指数 $Ra \geqslant 80$ 的光源，对于识别颜色要求较高的场所，宜采用显色指数较高的日光色荧光灯、白炽灯和卤钨灯。在同一场所内，当用一种光源不能满足光色要求时，可采用几种光源混光的办法解决，如美术馆、商店等。色温选用主要根据使用场所的需要来定，如办公室、阅览室宜选用高色温光源，使办公、阅读更有效率；休息的场所宜选用低色温的光源，给人以温馨、轻松的感觉；开关频繁的场所宜选用白炽灯；要求瞬间点亮的照明装置，如各种事故照明，宜采用启动时间较短的灯具；在需要防止电磁波干扰和频闪效应的场所，不宜选用气体放电光源。

2）按环境的要求选择光源

环境条件常常限制了某些光源的使用，选用光源时必须考虑环境条件是否许可。如低压钠灯的发光效率很高，但显色性较差，所以不适合显色性要求较高的场所；对于振动较大的场所，宜选用高压汞灯或高压钠灯；对于需要大面积照明且有高挂条件的场所，宜采用金属卤化物灯、高压钠灯或长弧氙灯；在潮湿的场所必须采用防水灯具等。

3）按投资和运行费选择光源

选择高效能的光源，初投资可能会高一些，但运行费会显著降低，选择寿命长的光源，可减少维护，使运行费降低。

1.2.3　室内空间照明方式与照明种类

1. 照明方式

根据活动面上灯具光通量的空间分布状况及灯具的安装方式，室内照明可分为 5 种照明方式：直接照明，半直接照明，间接照明，半间接照明，漫射照明。

1）直接照明

光线通过灯具射出，其中 90% ~ 100% 的光通量到达假定的工作面上，这种照明方式具有强烈的明暗对比，并能造成有趣生动的光影效果，可突出工作面在整个环境中的主导地位，但这种照明方式照到工作面上的亮度高，容易产生眩光。图 1-43 所示是一个采用直接照明方式的办公空间，设计者使用了"线程交流"的概念，整个空间丰富运用线性几何图形如闪电形状的灯饰，给空间增添了不一样的潮流感。图 1-44 所示为某咖啡馆吧台的灯光设计，照明方式为直接照明，在满足使用功能的同时突出审美作用，达到重点突出、环境独特、层次丰富、气氛浓郁、缤纷多彩的艺术效果。

图 1-43　办公空间直接照明灯饰设计（左）
图 1-44　某咖啡馆吧台的灯光设计（右）

直接照明是空间中的主要照明手段，可以作为基础、功能、重点、装饰等照明方式，但根据所处的空间和使用的需求不同，照明的形式也不同。工作空间中主要是帮助提高工作效率；酒店照明除了考虑功能使用，还需考虑安静舒适的环境打造，

图 1-45　某工作室的照明设计

亮度和照度都需降低；医院空间中，更多的是无影设计和满足诊疗需求。

另外，直接照明还可兼顾装饰性照明，如软膜顶棚设计就是将基础照明、灯具类型和装饰效果相结合的一种方式。

2）半直接照明

半直接照明方式是半透明材料制成的灯罩罩住光源上部，使 60% ～ 90% 以上的光线集中射向工作面，10% ～ 40% 的被罩光线又经半透明灯罩扩散而向上漫射，其光线比较柔和，能改善房间的亮度对比。此种照明方式常用于较低房间的照明，漫射光线照亮房顶，使房间有高度增加的感觉，常用于办公室、卧室、书房等，如图 1-45 所示。

3）间接照明

间接照明方式是将光源遮蔽而产生间接光的照明方式，其中 90% ～ 100% 的光通量通过顶棚或墙面反射作用于工作面，10% 以下的光线则直接照射工作面。通常有两种处理方法，一种是将不透明的灯罩装在灯泡的下部，光线射向平顶或其他物体上反射成间接光线；一种是把灯具设在灯槽内，光线从平顶反射到室内成间接光线。这种照明方式单独使用时，需注意不透明灯罩下部的浓重阴影。通常和其他照明方式配合使用，才能取得特殊的艺术效果，常用于商场、服饰店、会议室等场所。间接照明一般作为环境照明使用或提高背景亮度，但在小空间或对照明亮度需求不高的空间，间接照明也可作为基础照明来使用（图 1-46）。

4）半间接照明

半间接照明方式，和半直接照明相反，把半透明的灯罩装在光源下部，60% 以上的光线射向平顶，形成间接光源，10% ～ 40% 光通量的光线向下扩散，如图 1-47 所示。这种方式能产生比较特殊的照明效果，使较低矮的房间有增高的感觉。也适用于住宅中的小空间部分，如门厅、过道等。

5）漫射照明

漫射照明方式，是利用灯具的折射功能来控制眩光，将光线向四周扩散漫散。这种照明大体上有两种形式，一种是光线从灯罩上口射出经平顶反射，两侧从半透明灯罩扩散，下部从格栅扩散；另一种是用半透明灯罩把光线全部封闭而产生漫射，这类照明光线性能柔和，视觉舒适，如图 1-48 所示。

(a)

(b)

(c)

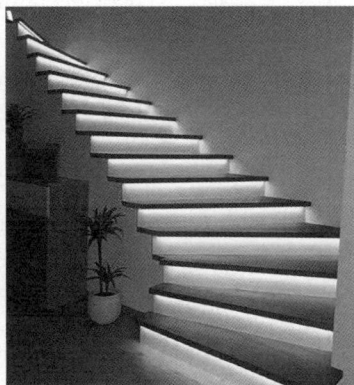

(d)

图 1—46　间接照明
(a) 宾馆客房顶部间接
　　照明；
(b) 辅助照明；
(c) 装饰照明；
(d) 基础照明

间接照明、半间接照明和
漫射照明

图 1—47　某休闲会所
　　的半间接照明

(a)　　　　　　　　　　(b)　　　　　　　　　　(c)

图 1-48　漫射照明
(a) 卧室的漫射照明；
(b) 接待室的漫射照明；
(c) 休闲空间的漫射
照明

2. 照明布局形式

照明布局形式按照度分布及灯具布局方式可分为 4 种，即整体照明、局部照明、装饰照明以及混合照明。在办公场所一般采用整体照明；同一场所内的不同区域有不同照度要求时，应采用分区照明；对部分作业面照度要求较高时，或者只采用整体照明不合适时，宜采用混合照明。

1）整体照明

整体照明是最基本的照明方法，目的是把整个空间照亮，所以又称为"基础照明"。整体照明的特点是：光线分布比较均匀，能使空间显得明亮和宽敞。适用于学校、工厂、餐厅、办公室等。如台湾以开放式空间设计的美食广场（图 1-49a），通过精心的照明设计将饮食之美提升到了更高的文化层面，灯光作为一种具有弹性的空间元素，很好地转换了空间气氛，营造出了兼具优雅华丽又具有艺术气息的氛围，定制的灯具也成为餐厅的一大亮点。苏州某售楼处健身区的照明通过大胆而梦幻的色彩，点线面的韵律组合，形成一场空间与音乐交织的健身体验（图 1-49b）。

2）局部照明

局部照明又称重点照明，其特点是能为工作面或被照物体提供更为集中的光线，并能形成有特点的气氛和意境，如图 1-50 所示。

整体照明和局部照明

图 1-49　整体照明
(a) 台湾美食广场的整体照明设计；
(b) 苏州某售楼处健身区的照明

(a)　　　　　　　　　　　　　　　(b)

(a)   (b)   (c)

3）装饰照明

装饰照明又称气氛照明，常以色光营造一种带有装饰味的气氛或戏剧性的效果。如位于贝希特斯加登的山庄展馆，展览突出表现贝希特斯加登国家公园里从国王湖到瓦茨曼山之间垂直的原野，通过意境照明的变化给游客带来四季变幻的感觉，展厅的水样照明美轮美奂，如图1-51所示。

装饰照明也可通过灯具的造型、质感及灯具的排列组合，创造视觉美感的效果，通过光的强弱、分布、照射角度、投光范围的控制，强化细部和创造特殊气氛等，如吊顶里的单色或彩色灯槽，产生光影效果的壁灯或有图案的吊灯，霓虹灯组成的文字或图形，彩色射灯或泛光灯照明等，其目的是丰富空间的色彩感和层次感，如图1-52所示。

4）混合照明

混合照明是在整体照明的基础上，视不同需要，加上局部照明和装饰照明，使整个室内环境有一定的亮度，又能满足工作面上的照度标准需要。整体与局部混合照明既节约电能，又能带来视觉的舒适感，是目前室内空间设计中应用最为普遍的一种照明方式。图1-53所示是某大厅休息区用木质肋条编织的"蛋壳"式屏风围合，LED灯具的整体照明和落地灯局部照明结合，使整个空间温馨舒适、足够明亮又极具个性。

图1-50 局部照明
(a) 某休闲空间局部照明；
(b) 某展览空间局部照明；
(c) 面具主题空间重点照明

装饰照明和混合照明

图1-51 美轮美奂的水样照明（左）
图1-52 某餐厅的装饰性照明（右）

3. 灯光的表现方式

1) 面光

面光是指室内顶棚、墙面和地面做成的发光面。顶棚面光的特点是光照均匀，光线充足，表现形式多种多样。墙面光一般为图片展览所用。把墙面做成中空双层夹墙，面向展示的一面的墙做成发光墙面，或者墙面上设置投光装置，形成发光墙面等。地面光是将地面做成发光地板等方式形成面光（图1-54）。

图1-53 休息区极具个性的照明设计

(a)   (b)

图1-54 面光表现
(a) 顶面面光表现；
(b) 墙面面光表现

2) 带光

所谓带光是将光源布置成长条形的光带。表现形式变化多样，有方形、格子形、条形、条格形、环形、三角形以及其他多边形。如周边平面型光带吊顶、周边凹入型光带吊顶、内框型光带吊顶、内框凹入型光带吊顶、周边光带地板、内框光带地板、环形光带地板、上投光槽、顶棚凹光槽、地脚凹光槽等。长条形光带具有一定的导向性，在人流众多的公共场所环境设计中常常用作导向照明，其他几何形光带一般作装饰之用（图1-55）。

3) 点光

点光是指投光范围小而集中的光源。由于它的光照明度强，大多用于餐厅、卧室、书房以及橱窗、舞台等场所的直接照明或重点照明。点光表现手法多样，有顶光、底光、顺光、逆光、侧光等（图1-56）。

4. 照明种类

1) 正常照明

为满足正常工作而设置的室内外照明称为正常照明。一般可单独使用。

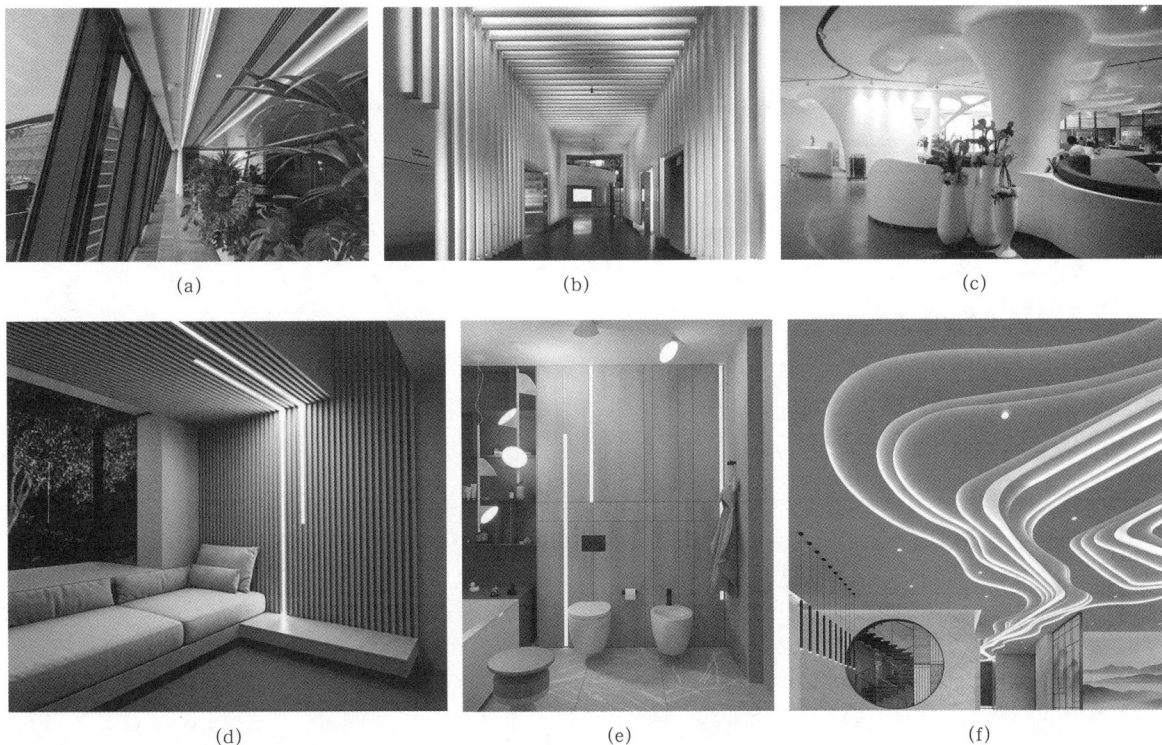

图 1-55　带光表现

(a) 长条形光带；(b) 条格形光带；(c) 内框凹入型光带；(d) 直线灯形成的光带 1；(e) 直线灯形成的光带 2；(f) 自由灯带营造轻松氛围

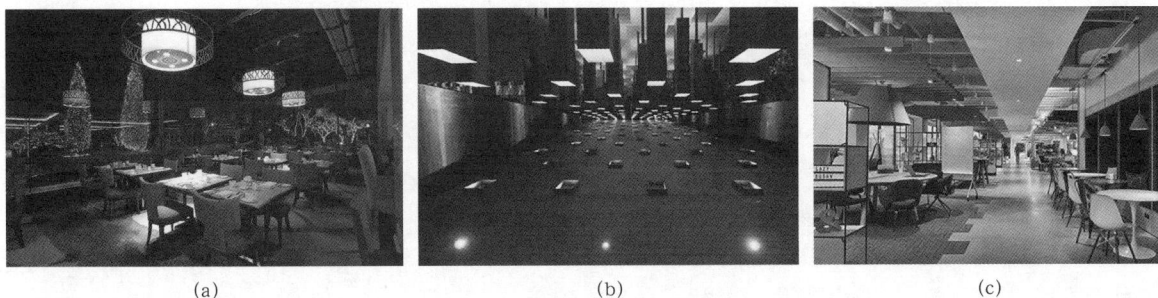

图 1-56　点光表现

(a) 餐厅点光照明；(b) 博物馆体验区点光照明；(c) 办公区的点状照明设计

2）应急照明

在正常照明因事故熄灭后而启用的照明称为应急照明。应急照明包括疏散照明、安全照明、备用照明三种。

3）值班照明

值班照明是指非工作时间内为值班人员所设置的照明。值班照明可利用正常照明中能单独控制的一部分或利用应急照明中的一部分或全部。

4）警卫照明

警卫照明是指用于警戒而安装的照明，可根据警戒任务需要设置。

5）障碍照明

为了保证航空飞行安全，在可能危及航行安全的建筑物或构筑物上安装的障碍标志灯，称为障碍照明。障碍照明要按照民航和交通部门的有关规定设置。

1.3 照明设计流程与服务内容

1.3.1 照明设计的基本原则

在进行照明设计时，既要遵循现行的相关建筑照明设计的标准和规范，又要满足人们的审美要求。在设计过程中，应遵循以下原则。

1. 安全性原则

灯具安装场所是人们在室内活动频繁的场所，所以安全防护是第一位的。这就要求灯光照明设计绝对安全，必须采取严格的防触电、防短路等安全措施，并严格按照规范进行施工，以避免意外事故的发生。

2. 功能性原则

灯光照明设计必须符合功能性照明的要求，根据不同的空间、不同的对象选择不同的照明方式和灯具，并保证适当的照度和亮度。

3. 艺术性原则

灯具不仅起到保证照明的作用，而且由于其十分讲究造型、材料、色彩、比例，已成为室内空间不可缺少的装饰品。通过对灯光的明暗、隐现、强弱等进行有节奏的控制，采用透射、反射、折射等多种手段，创造风格各异的艺术情调气氛，可为人们的生活环境增添丰富多彩的情趣。

4. 合理性原则

照明设计首先要选取合理的照度标准值；其次要选用合适的照明方式，照度要求高的场所采用混合照明方式；最后是优先选用效率高的灯具。灯光照明设计不是说亮化照明灯具的数量越多越好，以亮度取胜，关键是科学合理。灯光照明设计是为了满足人们视觉和审美的需要，使室内空间最大限度地体现实用价值和欣赏价值，并达到使用功能和审美功能的统一。

1.3.2 照明设计的基本程序

室内照明设计是一门综合的科学，不仅涵盖建筑、生理的领域，而且和艺术密不可分，因此需要我们具有一定的艺术修养和专业设计水平，更重要的是要了解灯具。室内照明设计的范围比较广泛，不同场所对照明的要求千差万别，室内照明的基本程序大同小异，一般室内照明设计程序可分为项目策划、方案设计、方案扩初设计、施工图设计、招标投标和施工管理。

1. 项目策划阶段

这一阶段的主要任务是项目背景调查研究、功能的确定、形象主题的确立、计划进度的确定、房间分析及整体空间的规划等，在此阶段室内设计师与照明设计师将与业主项目组一起进行研讨，确定总体意向及了解项目，并对建筑图纸提出建议。根据项目特点，明确照明设施的用途和目的，明确环境的性质，分析照明设计方案会有哪些因素影响照明效果。希望形成的照明风格，以及项目的经费预算情况等。

2. 方案设计阶段

此阶段是确定设计概念的阶段，具体工作包括：理解设计项目的重要意义及业主要求、交流和讨论照明设计思路、确定照明风格、形成照明概念方案。在此阶段，可通过平面图、透视图、立面图展示室内色调，将灯光与材质及陈设结合考虑。将设计概念以透视图或草图等方式展现。在特定的预算范围内，进行家具和照明设备的选取，固定装置、设备预算的复核，以及与采购商取得协调，使室内设计风格与照明设计风格相融合，并最终确定方向。照明设计需确定选择主照明还是辅助照明，主照明注重于功能性，辅助照明侧重于装饰性和突出重点照明物体或商品质感。主照明一般包括整体照明和局部照明，辅助照明系统主要包括重点照明和装饰照明等，具体工作有：

(1) 确定适当的照度。根据照明的目的或者使用要求确定适当的照度，根据使用要求确定照度分布，根据活动性质、活动环境及视觉条件，选定照度标准。

(2) 照明质量。考虑视野内的亮度分布，室内最亮的亮度，工作面亮度与最暗面亮度之比，同时要考虑主体物与背景之间的亮度与色度比。

(3) 选择光源。考虑色光效果及其心理效果，考虑光源的使用寿命和光效，需要识别色彩的工作地点及天然光不足的房间可采用荧光灯。

(4) 确定照明方式。根据具体要求选择照明类型，根据需要进行建筑化照明设计，如发光顶棚、光带、光盒、光梁等。

(5) 照明器的选择。考虑灯具的效率，配光和亮度，灯具的形式和色彩，兼顾灯具与室内整体设计的协调。

(6) 照明器布置位置的确定。包括照度的设计、平均照度的计算等。

(7) 综合协调。考虑照明的经济及维修保护，实现与室内其他设备统一，如空调、音响等。

3. 方案扩初设计阶段

在确定方案设计概念的基础上，进行扩展设计。该阶段应提供各种计算机辅助设计的文件，包括平面图、顶棚图、照明灯位图、电器定位图、控制图及家具摆放位置、典型立面图及内部细节草图的深化设计。具体工作包括：确定照明方案、照明分析和照明效果表现，特殊照明器具的方案设计，照明控制系统方案设计和投资估算等。还要对室内的平均照度、照明的均匀性及作业平面上的照度进行计算分析，检验这些数据是否符合照明标准的要求。必要时还必须对室内的亮度分布、作业面上的对比度及眩光进行计算和检验。

4. 施工图设计阶段

这一阶段主要是在方案扩初设计的基础上进行施工图设计，包括制作最终的图纸文件及说明书，投标用的产品样本及材料样板等，为室内装饰工程的招标提供文件依据。

5. 招标投标阶段

在设计师提供的施工图基础上，业主可以进行招标投标工作。设计师与采购商、承包商及制造商合作，协助进行成本估测，并在成本估测的基础上修订文件，且与建筑师及有关顾问合作，及时根据工作范围的变化，更改及调整文件档案。

6. 施工管理阶段

向供货单位或其他相关单位进行图纸交底，解释相关技术要求。对工程施工、安装、调试、验收进行技术指导，对照明工程的日常维修提出建议。

1.3.3 灯光设计的服务内容

1. 服务范围

（1）照明设计内容必须按照国家工程建设强制性标准和国家规定的建设工程设计深度要求进行设计。

（2）协助发包人完成各灯具及相关材料或设备的选择与确定。

（3）审查施工投标单位的投标技术文件，各施工单位的施工深化技术图纸和文件，协助竣工验收。

（4）根据工程需要参加必要的协调会议，参与有关设计内容的配合工作。

（5）配合甲方完成项目设备施工招标投标及工程施工相关指导工作。

2. 服务内容

设计者应在不同阶段向发包人提供相应的设计成果和服务，具体内容如下：

（1）概念设计阶段。主要对照明结果和照明方式进行分析，形成一份描述将来要实现的照明效果和结果的指导性文件。设计者要按甲方要求的时间提供概念设计方案。

（2）方案设计阶段。为概念设计阶段的进一步深化，该阶段包括方案实现的初步设计和照明效果的更明确分析。概念设计方案书面认可后，设计者需在双方约定的时间内，完成照明设计方案，提交两套设计图纸。

（3）施工图设计阶段。为采购和施工单位投标提供相应的一套完整的施工图，协助业主编写照明施工工程招标技术文件等。编制的设计文件，应当满足编制施工招标文件、主要设备材料订货和编制施工图设计文件的需要。同时编制施工图设计文件，应当满足设备材料采购、非标准设备制作和施工的需要，并注明建设工程合理使用年限。扩初设计方案书面认可后，设计者需在双方约定的时间内，完成照明施工图设计，提交四套设计成果图纸（包括 CAD版和 PDF 版电子文件）。

（4）施工招标投标及实施配合阶段。设计师在这一阶段对所承担设计任务的建设项目应配合施工单位提供招标及施工前的技术交底服务。具体工作包括：负责协助业主审核投标人的各类技术文件；协助业主指导承建商或供货商，审核采购清单，保证样品及数据正确，检查核实其是否按照施工图的要求进行；协助招标单位完成各灯具、材料、设备的选择或确定；向供货单位或其他相关单位进行图纸交底，解释相关技术要求；解决施工中的有关设计问题，负责设计变更；根据施工与调试的需要，提供技术支持，并根据工程需要参与相关施工与调试会议；参加隐蔽工程验收和工程竣工验收；协助施工单位完成照明系统调试，并签认相关文件。

1.4 室内空间照明设计项目管理

1.4.1 照明设计团队组建与工作内容

1. 组建高效团队工作要求

（1）根据项目需求和空间的功能性质，组建项目策划与实施团队，负责项目的整体实施。团队的组建是项目开始阶段最重要的工作，直接关系到后期项目能否正常进行。

（2）团队组建后，召开项目启动会，塑造团队的风格。启动会首先要介绍项目的组织结构、项目内容和项目计划，明确项目目标。其次，明确具体的工作质量、范围、工期、成本等目标约束。还要明确各团队成员的角色和责任分工，使每个团队成员明确团队的目标和行动计划，让团队成员明确各自肩负的责任并签订责任书。介绍项目纪律、考核制度和项目的沟通制度，为塑造融洽、积极的团队打下基础。

（3）引入激励机制。团队要高效运作，团队成员必须合理分工，明确应承担的职责及履行的权力，建立团队成员的工作标准，对于过程中的每一个运作细节和每一个项目流程都要落到实处。必须让团队成员清楚地知道团队运行成功与失败会对他们带来什么样的影响，以增强团队成员的责任感和使命感。鼓励和激发团队成员的积极性、主动性，充分发挥团队成员的创造力。

另外，要保证团队的执行力，关键要在执行过程中明确要实现的目标分哪几个阶段和具体确定工作指标是什么，这是确保任务完成质量的关键，也是保证团队执行力的关键。

（4）抓好学习培训。知识技能是激发创新能力的前提条件，教育培训是提高队员知识水平和综合素质的重要途径，人才培养不只是重视知识技能方面，还要考虑职业道德和企业文化、队伍的凝聚力和团队精神等，具有综合性的创新能力才能有竞争优势。

（5）充分发挥团队凝聚力。团队凝聚力是无形的精神力量，是将一个团队的成员紧密地联系在一起的看不见的纽带。团队的凝聚力来自团队成员自觉的内心动力，来自共识的价值观，是团队精神的最高体现。较好的团队凝聚力会让团队成员在短期内树立起团队意识，形成对团队的认同感和归属感，缩短新成员与团队的磨合期，在正常运营期间，促使团队的工作效率大幅度提高。

2．照明设计团队主要工作内容

(1) 收集相关资料并对现场进行调研和分析。

(2) 建立设计环境的计算机模型，绘制设计草图。

(3) 进行创意设计，绘制效果图及照明设计分析图。

(4) 进行照明工程的技术设计。

(5) 对照明电器产品进行选型。

(6) 制定照明设施的安装、供配电和照明控制系统设计方案。

(7) 对工程施工、安装、调试、验收进行技术指导。

(8) 对照明工程的日常维修提出建议。

1.4.2　室内照明项目设计质量和流程管控

1．设计供方管理

(1) 组织建立设计供方管理体系。

(2) 组织权限内的设计单位考察、选择、谈判、合同签订工作。

(3) 组织权限内的设计单位的过程评价与履约评价。

(4) 制定设计技术标准与审图标准。

(5) 收集、分析项目设计案例并优化标准，指导后续项目设计。

2．项目设计管理

(1) 制定设计管理流程，实施设计工作计划。

(2) 制定设计关键控制点的工作内容和工作要求。

(3) 统筹制定、实施设计专项工作计划。

(4) 负责项目设计各阶段的设计任务书的制定与组织评审。

(5) 负责项目设计各阶段的设计进度与质量管理。

(6) 组织各阶段设计成果评审、审批与备案。

(7) 负责项目设计资料档案管理。

3．材料设备选型定样

(1) 负责评审项目设计材料部品方案。

(2) 负责项目设计材料部品选型定样工作。

(3) 参与大型设备与重要材料的验收。

4．设计成本控制

(1) 根据设计要求，确保项目成本控制受控。

(2) 在设计评审阶段，对超出目标成本的方案进行调整修正。

5．设计配合与设计变更管理

(1) 负责项目各阶段设计图纸的交底工作。

(2) 负责项目工程招标设计图纸的编制工作，负责项目相关设备招标所需的技术资料说明，配合完成工程招标、议标工作。

(3) 组织重大技术问题解决方案的论证，进行施工技术支持。

(4) 负责设计变更管理，施工组织变更论证，跟进和落实变更结果。

(5) 参加工程竣工验收、内部验收工作。

(6) 参与项目后评估，负责编制设计后评估。

1.4.3　照明设计方案汇报与沟通

方案的汇报一般分为两类，一类是直接跟业主沟通，这里面更多的有相互交流的成分，尤其是在家装的设计中，沟通的好坏直接影响到业务能否继续进行。还有一类是公装招标投标时公开陈述方案，也称之为述标环节，这类方式则带有演讲的成分，目的是在短时间内能够打动业主和评委，让他们理解和认可方案，并最终让方案得以实施。下面主要讲解方案述标的方法和技巧。

1. 方案汇报前期准备

(1) 做好方案设计汇报定位。要想让对方接受你的方案，就要投其所好，满足对方的初衷和想法。汇报前需要与业主进行全面、充分的沟通，了解他们对项目的需求和期望。主要包括：甲方的定位和投入；项目定位、现场环境等，精心打造项目，做到有的放矢；有充分准备的文案；有策划和运营的思维等。如果设计的方案并不符合或者并不完全符合对方的意愿，那就在作方案汇报时，加入并强调能符合对方意愿的东西。充分的准备能为成功做好铺垫。

(2) 准备一套图文并茂的汇报文本。准备汇报文本是汇报成功的基础。述标前，首先要有一套图文并茂、排版优美的汇报文本，把数据分析、推导过程和最后成果一一展示出来，可以大大增加述标的成功率。在排版时，应该考虑好述标的内容和顺序。发挥设计团队的优势，研讨方案，找出方案的优势以及潜在的优势，加以总结，形成完整的书面材料。

文本完成后，必须进行内部的汇报预演。通过预演，可以让汇报者熟悉汇报的内容、语言表达方式和收集表达灵感，以及内部管理团队有针对性的意见反馈和提升，会大大减少汇报出错的概率。

(3) 了解汇报的时间、地点及参与者。如遇到异地汇报，要提前考虑时间和交通状况，查清地址和出行方式，杜绝迟到。如果汇报对象是开发商，通常会有多个部门一起听取汇报，营销部、设计部、工程部等，只有弄清楚哪个部门是主导者，才能找出汇报的侧重点。

(4) 组建汇报团队。前期要跟业主沟通好，询问现场有的设备，以免带错设备，手忙脚乱。有些方案会牵扯到软装、机电、消防等专业领域，相关的人员必须一同参与会议，以防业主提出比较专业的问题。此外，还需要记录员，对整个汇报进行记录。

2. 方案汇报注意要点

(1) 提前进入会场。汇报前，应通过派发名片等方式与在场人员交流，大概了解一下听众，同时与对接人沟通，了解谁可能是此次汇报的最终决策人、专业负责人（提意见者）及能够辅助推动项目发展的人。

(2) 了解汇报顺序。通常来讲，第一个汇报和最后一个汇报相对会比较吃亏，要分清楚此次汇报的听众是首次见面还是已经听过多次汇报，根据不同情况调整汇报开场节奏。如果是竞争型汇报，就需要将汇报节奏倒置，由于其他竞争者已经将前期的一些内容基本讲了，此时需要更快地进入主题。

(3) 开门见山。开场白要简单明了，抓住汇报的重点，适当在某些重要的篇幅停留。

(4) 学会讲故事。方案的陈述要像讲故事一样围绕方案的设计过程来展开。首先，讲解设计的灵感来源、创意的产生。然后，陈述在设计过程中遇到了哪些困难，又是如何通过设计手法来解决这些问题的。最后，简述一下最终的解决方案是什么，当时的创意是如何体现在方案里的。通过故事来陈述方案，能制造悬念，吸引听众，是述标中比较高级的一种方式。

(5) 掌握汇报逻辑。不同的汇报阶段策略不同，汇报过程要表达关键性主题。如前期调研与场地评估阶段，应从宏观角度来作出专业评估，不要随便批判原有建筑设计的优劣，只从我们自身的角度给客户更多有价值的选择，包括未来可能出现的问题和解决方式参考，使设计方和业主能建立更多的信任和共识。概念设计或方案深化阶段，需要适当地提及前后阶段的关系，以便推演设计上的一些创意，同时注意项目周期与造价等因素。

(6) 注重语言方式。汇报人要自信，有条理，可适当表现个人语言魅力。不同类型的项目、不同的客户，所需要的语言表达方式有一定的差异。如主题性很强的项目，设计会做得比普通项目更有渲染力和故事性，则汇报也更应该声情并茂，加上适当的肢体动作以及有趣的故事穿插，以能让人深入浅出，让专业和非专业人士均能接受的语言方式来表达。

(7) 陈述时要从客观和理性的角度去解说。只从视觉感受来表达，很容易被业主否定和推翻，汇报时要着重于不可辩驳的理由。比如：设计的依据要从规范和统计数据的角度来展开说明；讲解时也可把设计中的推演过程展示出来，或是把几种可能的处理方案都摆出来比对，才能得出最优的解决方案等。

(8) 在汇报过程中可能会有甲方的领导进行发言，此时需要判断其重要性，动态捕捉其缘由。如果判断其问题对项目汇报有一定益处，可适当控制节奏与其进行互动，如偏题，可委婉提醒。

(9) 要留下有期待的尾声。汇报尾声，既是一个阶段的结束，也是新的阶段的开始，应预设一些期待，视氛围和时间是否充裕，可适当体现团队设计过程的思考及分享，做一个漂亮的结尾。如果项目汇报让客户比较满意，需要适当提出能力范围内的承诺。

【思考与练习】

1. 电光源选择的原则主要有哪几个方面？
2. 光特性在设计中的运用主要表现在哪几个方面？
3. 照明设计初步设计阶段的主要任务是什么？要做哪些具体工作？
4. 在室内设计中，常用的照明布局形式有哪几种？

【市场调研】

照明灯具行业市场调研

一、调研目的

为了让学生更好地掌握知识、训练技能，组织学生走进第二课堂，通过走访灯具市场及店铺，实地考察及交谈，使学生认识并了解市面上室内常见的各种灯具，熟练掌握灯具的使用条件与使用场所。有目的地搜集、记录、整理有关照明灯具行业市场信息和资料，分析照明灯具行业市场情况，了解照明灯具行业市场的现状及其发展趋势，为今后的照明设计和灯具选择与应用打下坚实基础。

照明灯具行业市场调研

二、调研形式与要求

1. 调研形式：实地调研、实景拍摄、问卷调查、网上查找资料等。

2. 工具与设备：数码照相机、手机、卷尺等。

3. 写出调研报告，要求图文结合。

4. 对调研成果进行汇报。

三、调研的步骤与方法

1. 选择所在城市具有代表性的 2～3 个灯具市场并组织参观考察。

2. 以小组为单位，每组 2～3 人，对灯具市场进行调查、记录、拍摄照片，收集相关资料等。

3. 对收集到的资料及市场信息情况等进行整理、汇总、分析并写出调研报告。

4. 制作 PPT 文件，汇报调研成果。

四、成果展示与总结

1. 调研成果汇报。

2. 调研成果展示。

3. 工作任务评价。

评价方式为学生互评和老师点评两个环节。根据任务完成的质量，给予优、良、中、及格、不及格等级评价。

单元2 室内空间照明应用设计

【教学目标】

1. 熟悉常用室内空间的照明设计；
2. 了解各类型室内空间照明的基本知识；
3. 掌握各类型室内空间照明的设计方法和要点；
4. 解读各类型空间照明设计案例。

设计是科学与艺术的有机结合。室内照明设计与建筑、工程等其他设计专业类似，需要将科学规律、标准、文化、美学等因素以艺术的形式表达出来。因此，要创造出成功的照明设计工程，需要融合建筑、生理、传统文化、艺术等众多因素。

2.1 家居空间照明应用设计

家居空间是人们生活中最主要和最重要的场所，家居空间照明的好坏直接影响着人们在家居空间中完成各种活动，如休闲、休息、睡觉、饮食、阅读等，更影响了人们的生理和心理健康。

家居空间照明由于涉及的使用人群不同，对光环境的要求也各有不同，因此采光照明对家居空间显得尤为重要。

2.1.1 家居空间灯光设计要点及方法

家居空间灯光设计是为了给人们提供一个温馨、放松、舒适的照明环境，对整体空间进行艺术构思，以确定灯具的布局形式、光源类型、灯具样式及配光方式等，通过艺术构思使家居空间灯光更具有舒适性和个性化。

1. 家居空间灯光设计需要考虑的内容

在家居空间灯光设计中需要考虑的因素较多，主要归纳如下：

(1) 居住者的年龄与人数；

(2) 视觉活动形式；

(3) 工作面的位置与尺寸；

(4) 应用的频率与周期；

(5) 空间与家具的形式；

(6) 空间与尺寸和范围；

(7) 结构限制；

(8) 建筑和电气规范的有关规定；

(9) 照明节能。

2．家居空间灯光设计要点与方法

家居空间灯光设计强调温馨、舒适环境的营造，在一些区域要完成特定的视觉任务。因此，在设计时要注重照度、颜色、亮度均匀性、日光的利用、照明控制等设计要点。

1）照度

照度一般指光照强度，光照强度是一种物理术语，指单位面积上所接收可见光的光通量。在进行家居空间灯光设计时，家居空间很多场合需要一定的功能性照明，因此要对照度以及照度均匀性进行控制。

对于同一房间不同区域有多种视觉功能，应根据视觉功能进行相应照度的确定。对于不同居住者，如年长者对照明的需求是年轻居住者的几倍，因此要提供更高的照明水平，且应对眩光进行严格控制。

2）颜色

家居空间的颜色会影响居住者对家居空间的整体感觉，也会对居住者造成正面或负面的情绪影响，因此照明设计与室内设计应协调统一。

对于小面积房间，如墙面、家具等颜色相近，那么其反射率也相近，可产生空间增大的效果。人们对颜色的感官不仅与物体的光谱反射率有关，而且与光源的相对光谱能量分布相关。光源的相对光谱能量分布较为抽象，通常采用光源的色温与显色性来表现相对光谱能量特效。

3）自然光

自然光是家居照明中最重要且不可缺少的照明方式，自然光直接影响了人们心理和生理的健康。自然光的引入除了照明作用外，更重要的是要起到空间构图、烘托环境气氛、体现主题意境、形成空间氛围的作用。

4）亮度平衡

房间亮度的均匀性是在照明设计中必须注意的，一般来说独立的视觉范围由三个区域组成。如阅读，第一区是工作面（阅读的书本），第二区是围绕着工作面的区域（书本周边区域），第三区则是环境区域（空间整体环境其余区域）。三个区域的亮度比如果不合适，会造成使用者心里烦躁、容易视觉疲劳。一般来说，二区的亮度应介于工作面亮度的 $1/5 \sim 5$ 倍之间，三区的亮度应介于工作面亮度的 $1/10 \sim 10$ 倍之间。

《建筑照明设计标准》GB/T 50034—2024 中规定了住宅建筑照明标准值，见表 2-1。

住宅建筑照明标准值   表2-1

房间或场所		参考平面及其高度	照度标准值（lm）	R_a
起居室	一般活动	0.75m水平面	100	80
	书写、阅读		300*	
卧室	一般活动	0.75m水平面	75	80
	床头、阅读		200*	

房间或场所		参考平面及其高度	照度标准值（lm）	R_a
餐厅		0.75m餐桌面	150	80
厨房	一般活动	0.75m水平面	100	80
	操作台	台面	300*	
卫生间	一般活动	0.75m水平面	100	80
	化妆台	台面	300*	90
走廊、楼梯间		地面	100	60
电梯前厅		地面	75	60

注：*指混合照明照度。

2.1.2 家居功能分区对照明的要求

1. 客厅照明

客厅是整个住宅的中心区域，也是家庭成员活动的重要场所，亦是接待亲朋好友的场所，因此客厅照明需要更多的场景设计与变化，以突显家庭风格。不同的场景变化与切换，需要多种光源灯具相互配合，辅以适宜的照明控制来营造温馨舒适和放松的照明环境。想要达到良好的照明效果，应有效地把一般照明与重点照明相结合。

一般照明即房间的基础照明，满足使用者行走、休闲等一般视觉要求。一般照明大多采用散射光线，形成均匀、无阴影的柔和光环境，可通过宽角度、大面积、低亮度的灯具实现，如主灯配以辅助灯具。

重点照明则是一些复杂的视觉活动，如浏览、阅读、看电视等。这些视觉活动仅依靠一般照明是无法满足使用要求的，必然要采用重点照明加以解决。一般情况下人们在起居室的主要活动是看电视，黑暗中看电视视觉非常容易疲劳，可在电视两侧提供低照度、柔和的散射光线，减少厅内的亮度差异，减少视觉疲劳，从而保护视力。

2. 卧室照明

人的一生约有1/3的时间是在卧室度过的，卧室除了具有休息的功能外，也是人们休闲、放松、化妆、存放衣物的私密空间。卧室照明需一般照明与重点照明相结合，营造宁静、温馨、休闲的气氛。

一般照明以间接或漫反射照明方式为主，使室内空间柔和而明亮。尽量避免在床上采用直接照明，防止灯光刺激眼睛。

化妆、阅读可以采用重点照明加以强调，以便于阅读和化妆，阅读可根据需求选择具有独立调节功能的灯具，而化妆需要采用显色性好的光源以呈现自然的肌肤。

卧室内还有其他有亮度需求的设施，可根据需要设置灯具。如更衣室照明可设置拉门自开灯，方便取物；如夜灯照明可在床边设置感应灯，能随时满足人们半夜起床的需求。

3. 餐厅、厨房照明

餐厅是就餐的场所，兼具手工、游戏、聊天等功能，也是家庭活动比较集中的区域之一，而餐厅的活动则是以餐桌为中心展开，因此餐厅的照明围绕着餐桌而设计。

餐厅照明的主要目标是在餐桌上形成高亮度、高显色性，但须减少周围的眩光。高亮度、高显色性的光源可使菜肴的成色更加靓丽，但餐厅照明的高度需做好控制。一般情况下餐厅灯具高度应在眼睛水平面的上方，以避免遮挡对面就餐人员，最好能采用可调节高度灯具。除了主要照明外，餐厅还需增加一般照明为房间提供柔和的亮度。

厨房照明除了一般的亮度需求外，还需要在工作区域形成均匀明亮的环境，方便在工作区域进行操作。厨房操作时为了能准确判断出食物的新鲜与否，对于工作区域需选择高照度、高显色性的灯具。

4. 盥洗室照明

盥洗室通常采用吸顶灯、嵌入式灯具或漫反射灯具作为一般照明，在选择灯具亮度时还需考虑墙面材料的反射率。

盥洗室重点照明要满足洗漱、化妆、卫浴的需求，在镜子两边设置镜前灯是满足洗漱、化妆的常用设计手法，避免将灯具安装在顶部区域导致鼻子或下巴产生阴影，可采用显色性好的光源，以提高皮肤颜色的照明效果。

由于盥洗室的特殊性，需要注意以下两点：

（1）照明灯具宜采用防水性灯具；

（2）设计时需考虑夜间进入盥洗室时灯光适应问题。

2.1.3 住宅照明设计案例分析——元利建设—忠顺街住宅公设夜间照明规划

一个成功的照明设计，不只是最后的成果让人震撼，而是从一个最细小的想法开始，以一个中心思想带动所有努力的过程，比起结果，更看重于过程中对于每个空间中细节的掌握与对照明准则的应用，这才是奉为圭臬的关键。

住宅饭店化、饭店住宅化，已经是近年的趋势。提供休憩放松、休闲、阅读、交谊、娱乐运动等多样功能与空间，但始终都以营造家的氛围为根本，如何降低商务性质的成分正是我们设计上需要思考的关键。

照明不是"亮"就好，而是在不同个案中思考最适当的应用，让照明因地制宜。将住宅饭店化来精致公设空间层次，并透过时段控制来节省灯光耗能，以环保省能的永续概念去规划，突显业主对地球的关心，更具格局。

本案例的灯光重点以优雅为关键，大厅入口光彩夺目的多层次吊灯与地面繁复的大理石镶嵌图腾互相呼应，让居住空间与环境形成照明互动的感觉，如图2-1所示。

1. 迎宾大厅区（客厅）

现今集合住宅设计的空间规划形态越来越趋向饭店模式，灯光设计通过

图2-1 大厅入口（左）
图2-2 入口的吊灯温润的色温与设计风格传递出此空间的调性（右）

明暗对比营造空间层次感，创造出如同饭店精致的氛围，来满足不同客层的生活形态。不过，如何让设计回归到家的感觉，使住户的身心得以放松，灯光设计便是很重要的一环。

1）入口中介空间

灯光规划以吊灯为主体照明搭配间接照明，门厅中轴线以水晶吊灯为弧形顶棚精致装点，透光顶棚的主灯呼应地面的图腾，强化天地主景间的联系感，借由水晶吊灯的折射，层层光芒辉映了顶棚精致的线条，也温婉地诠释了建筑语汇，一般建筑门厅、门厅通道及走廊照度约为100lx，如图2-2所示。

2）等候区

为营造出适合谈话、见面的等候区，室内设计采用开阔而精致的手法，照明则以明亮却有气氛的方式组合而成。图2-3所示为顶棚的自然光洒落在座位区，视觉端景则以间接照明、嵌灯洗亮墙面艺术品收尾。休憩区使用多种照明设计方法，不但增添空间的层次感，也使室内设计的细节更加丰富，如图2-4所示。

3）廊道过渡空间

过道空间有基本照明与重点照明的设计，在灯具位置安排上也考虑顶棚设计的美感，如图2-5所示。

图2-3 顶棚的自然采光丰富了空间的照明使用方法（左）
图2-4 休憩区的照明设计（右）

图 2-5 过道空间的照
明设计（左）
图 2-6 端景的艺术品
的重点照明（右）

图 2-6 所示为端景的艺术品由重点照明来强调出空间中的焦点，使视觉得以延伸。

2. 交谊厅

多元且舒适的公共设施，已成为很多人选择社区型住宅时看中的条件。如果说生活是一条线，交谊厅便是让原本的平行线得以交会。透过顶棚造型的间接光与嵌灯运用设计界定出空间，阅读区基本照度约为 500lx，灯具选配须重视视觉的穿透性，也维系场域开阔的本质。

1）书桌阅读区（图 2-7、图 2-8）

虽然黄光能让整体空间看起来更温馨，但此空间主要的功能为阅读，因此在色温选用上仍以偏白的 3000K 为主。选配漫射型吊灯也界定出此长桌阅读区的范围，同时也增加了空间的层次感。

2）沙发阅读区（图 2-9、图 2-10）

除了基本照度外，室内设计师的设计亮点也是我们需要帮助它呈现的重点，让照明突显室内设计的特别之处。

3. 宴会厅区

传统宴会厅总是强调奢华或是古典风情等氛围，而灯光亦是很重要的一环，造型吊灯、层板灯以及嵌灯的交互运用，透过照明层次的交叠，打造悠闲恣意的用餐环境。

图 2-7 吊灯补足桌面
照度并营造出空间
不同的层次感（左）
图 2-8 漫射型吊灯界
定出此长桌阅读区
（用餐区）的范围（右）

1）用餐区

相较于备餐区只需要基本照度。吊灯高度需注意用餐者入座后的高度不会受到吊灯影响遮挡视线。由于此为公共空间与交谊性质，在色温的选择上也偏向暖白而非暖黄。

长桌用餐区选配华丽的吊灯搭配空间风格，界定出区域并传递一种宴客的氛围，如图2-11所示。

圆桌用餐区是轻松惬意的区域，相对于长桌区的照明方式偏向安静、不张扬的设计方法，如图2-12所示。

2）厨房与备餐区

厨房以安全为主要考量，因此在照度上必须充足，约在100～300lx。然而，在厨房内最常碰到使用者受光源阴影影响的问题，建议在上吊柜或厨具的下方加装灯具让使用者不会被自己遮挡顶棚光线的阴影干扰，如图2-13所示。中岛的设置无论作为餐桌或是流理台的延伸都很适合，此区有双切开关分别控制直接照明与间接照明，令空间有不同的情境模式可以展现，使空间看起来更有层次感与重心，如图2-14所示。

4.KTV视听室

KTV视听室（图2-15、图2-16）是少数密闭且具隐秘感的娱乐场所。灯光设计除了配合基本的隔声、吸声材质之外，也须注意在密闭空间的感受，以

图2-9 空间中的展示陈列是室内设计的装饰重点（上左）

图2-10 端景的壁炉设计成为空间的焦点（上右）

图2-11 长桌用餐区照明（下左）

图2-12 圆桌用餐区照明（下右）

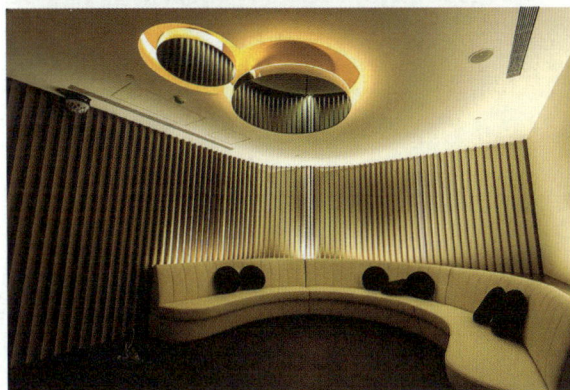

及营造欢乐气氛，在这样多重需求的考量下，情境控制与多种照明氛围切换的设计就显得十分重要。空间中造型顶棚与照明的色温定调基本的氛围，主要以座位背光的方式来降低光线对于人进行活动的干扰。舞台照明效果的灯具能改变原本空间感受，并有多种光线模式的变换以达到热络气氛效果。

5. 动态公设

锻炼及健身都需要持之以恒。然而，照明设计要如何搭配空间设计营造出令人想运动的欲望并维持训练则是重要的课题。基本照明需求的标准一般的照度约为 100～200lx，色温大约为 3000～4000K，但不一定是全般照明，亦可以用窄角的灯具来搭配顶棚进行设计，稍微添加一些展示的氛围在其中，能让健身空间更有时尚感。

1）健身器材区

系以器材为主，依照各部位肌肉而选用不同的器材来进行训练，此空间须注意部分器材会以躺卧姿势进行锻炼，因此光源应该避免垂直而下造成眩光刺眼的情况。建议使用间接光或在灯源前增加磨砂玻璃来缓和光线，如图 2-17、图 2-18 所示。

2）韵律教室

考虑到空间活动形态的多变，既有活泼的有氧课程，亦有瑜伽类型的伸展与身心的放松，韵律教室灯光规划以间接灯光为主，应避免使用吊灯、壁灯

图 2-13 上吊柜与厨具下方增设照明（上左）

图 2-14 多功能的中岛上空的吊灯设置（上右）

图 2-15 KTV 视听室空间中造型顶棚与照明的色温定调基本的氛围（下左）

图 2-16 KTV 视听室主要以座位背光的方式来降低光线对人活动的干扰（下右）

等突出壁面的灯具而造成碰撞或危险。此空间避免嵌灯、桶灯等容易造成眩光的直接性光源，间接光使空间更为柔和舒适，透过调光，围塑出不同的空间氛围，如图 2-19 所示。

6. 其他空间

俗话说：灯光美则气氛佳。这不只说明了灯光设计对环境空间有着相当的影响力，也说明了好的灯光设计能塑造出更好的气氛。

1）过道空间

通常，人都是有目标性地移动经过，不会久留，此空间有时漫长而单调，这时灯光设计必须发挥其特殊性，思考如何为空间加分？着重实用性以及引导性，照度考量约在 100 ~ 150lx，如图 2-20 所示。

2）等候区

较小而静谧的等候区在立面开大窗，同时有格栅设计保有隐私，灯光规划上也避免使用阻挡视线及容易反射在玻璃上的吊灯，使人在观看景物时不会受到干扰，如图 2-21、图 2-22 所示。

本案例多使用线型灯安装于造型顶棚，将对住户的影响与干扰降至最低，沿着墙身均匀的光芒刷亮顶棚，再由此反射至整个空间，在室内形成微妙的光层次，赋予空间高雅的象征，也隐喻建筑物不凡的气势。嵌灯则以点缀的方式，点亮了丰富的空间，也界定了区域之间的分野，优雅的水晶吊灯则为精致的弧形顶棚点缀，谱出光与影交织的动人诗篇。

图 2-17 运用顶棚折射的光线使空间明亮却不产生眩光（左）

图 2-18 窄角的光源能产生展示的氛围，来增添时尚感（右）

图 2-19 韵律教室照明设计（左）

图 2-20 此区灯光以展现室内丰富的顶棚设计为主要目的（右）

对照明设计而言，如何恰当地使用灯具使其发挥到极致，同时与其他光源适当结合运用，是非常重要的议题。光不是亮就好，而是从各个不同个案中去思考，能够在最适合的地方安排最适合的照明，在节能减碳、预算以及最终呈现效果的需求上达到平衡，让照明设计因地制宜。除了以功能性分析灯光配置，更要以人文为依归，柔和并渐进地使人们在空间中得到最佳的光环境。

图 2-21 休憩座椅与户外的关系，在此可以观看户外风景（左）

图 2-22 运用小嵌灯的间接光创造出光带的设计，是一种较沉静却达到多元化的照明设计手法（右）

2.2 酒店及餐饮空间照明应用设计

酒店是集工作、商务、休闲、娱乐为一体的服务行业，需要为顾客提供舒适、安全和优美的空间环境，照明设计是为了营造出引人入胜的环境气氛，从而提高顾客在酒店体验的感觉。

由于酒店涉及的空间有大厅、客房、小型办公、康乐中心、餐饮等多项设施，因此对照明设计的要求比较高。

2.2.1 酒店及餐饮空间照明设计方法

1. 酒店照明设计要素

高质量的酒店照明应考虑天然光、照度水平、眩光控制、亮度分布、颜色、显色性、光的方向、塑性等众多因素。

1）颜色

酒店的颜色会直接影响顾客对酒店的整体感觉，进而影响顾客的行为选择。色彩不仅仅取决于光源的相对光谱分布，而且与各表面的反射率相关，因此照明设计与室内装饰应协调统一。

酒店中常用光源的光效、显色指数、色温和平均寿命等技术指标见表 2-2。

2）天然光

天然光对人的生理、心理有着重要的影响，天然光的引入也是满足人们对自然的追求，更利于人们的生理、心理健康。天然光的引入不仅仅是单纯的照明，还可以将其光线的特征、位置、颜色等作为空间构图的元素，与人工照

	常用光源的技术指标				表2-2
光源种类	额定功率范围 (W)	光效 (lm/W)	显色指数R_a	色温 (K)	平均寿命 (h)
三基色荧光灯	28~32	93~104	80~98	全系列	12000~15000
紧凑型荧光灯	5~55	44~87	80~85	全系列	5000~8000
金属卤化物灯	35~3500	52~130	65~90	3000/4500/5600	5000~10000
高频无极灯	55~85	55~70	85	3000~4000	4000~8000
LED灯	≥1	>80	>75	3000~6000	25000~50000

明相结合，烘托环境气氛，体现主题意境，形成各种不同的空间氛围。

3）应急照明

酒店属于人流量比较大的场合，完善的应急照明关系到顾客的生命安全。

2. 公共区域照明

1）大厅照明

大厅是酒店的门面与窗口，也是顾客对酒店的第一印象。特色分明且具有强烈视觉冲击力的大厅，决定了酒店是否在行业中脱颖而出。大厅包含了门厅、大堂、总服务区、电梯厅、休息厅等区域，是顾客、服务人员信息和交流的中心，需要满足场景呈现、销售、引导等多项功能。不同区域、不同场景对照明有不同的要求，大厅照明应将这些功能区域有效地综合在一起。

门厅为建筑外部空间与内部空间的过渡处，门厅入口照明范围应大些，并采用可调光方式满足不同时间与天气对入口照明照度的不同要求。

大堂照明需要配合装修风格，层高较高的可以采用吊灯，突显大堂的富丽堂皇，较低的可以采用筒灯、灯槽、吸顶灯等突出酒店的特点。

总服务区主要是办理入住和退房等业务，是酒店的中枢。这个区域的照明要求不低于300lx，为接待客户提供清晰的视觉，以提高面对面交流时的舒适感。而高亮度也能更有效地吸引顾客的注意力，起到一定的引导作用。照明灯具的形式可以结合吊灯层次的变化使照明效果更加丰富、协调，可以采用一般照明与工作区域局部照明相结合。

休息厅主要是给来访者及顾客一个交谈及休息的场所，其照度选择在50～100lx之间比较适宜，方便人们在交谈时能看清对方的表情。同时，要选择显色性较高的光源，以便于更好地显现人们的肤色。

走廊为顾客交通区域，走廊的照明首先应满足导向及安全等照明功能。在走廊空间进行照明设计时，需要根据走廊是否有天然光、走廊尺寸等实际情况进行综合考虑。首先，错落有致的照明能吸引顾客的注意力，对顾客起到引导作用；其次，照度不能太低，明亮的照度可以提高顾客的安全感。

2）餐饮空间照明

宴会厅或多功能厅应采用豪华的建筑化照明，以提高酒店的等级。一般情况下高大空间的宴会厅或多功能厅采用吊灯，其他情况下采用吸顶灯、筒灯、槽灯等。

宴会厅或多功能厅是酒店中举行大型宴会、大型学术报告、文艺演出等大型活动的区域。考虑到宴会厅或多功能厅的多功能、多用途，照明应采用调光系统，照度设计需考虑满足彩色电视转播的要求。宜设置小型演出用的可自由升降的灯光吊杆，灯光控制应可在厅内和灯光控制室两地操作。

3）客房照明

客房是酒店的核心，是一个多功能的空间，包含了卧室、书房、起居室空间，具有休息、视听、工作、阅读、睡觉等功能。客房照明需要营造家一般温馨的氛围，让顾客有宾至如归的感觉。客房照明采用一般照明与重点照明相结合的方式。一般照明可采用间接照明，重点照明可采用台灯、落地灯等，具体可参考居住空间照明方式。客房照明宜采用暖色调，色温在3300K以下，利于客人休息。

客房床头宜设置集中控制面板，照明控制是客房照明的重要环节，顾客可根据需求对亮度水平和分布进行调节，同时也可以满足客房的多功能性要求，如灯光、电视、空调、呼叫等系统的控制。

2.2.2 星级酒店照明设计标准

《建筑照明设计标准》GB/T 50034—2024给出了酒店建筑（标准中称为"旅馆建筑"）照明标准，见表2-3。

酒店建筑照明标准值　　　　　　　　　　　　　　表2-3

房间或场所		参考平面及其高度	照度标准值（lx）	UGR	U_0	R_a
客房	一般活动区	0.75m水平面	75	—	—	80
	床头	0.75m水平面	150	—	—	80
	写字台	台面	300*	—	—	80
	卫生间	0.75m水平面	150	—	—	80
中餐厅		0.75m水平面	200	22	0.60	80
西餐厅		0.75m水平面	150	—	0.60	80
酒吧间、咖啡厅		0.75m水平面	75	—	0.40	80
多功能厅、宴会厅		0.75m水平面	300	22	0.60	80
会议室		0.75m水平面	300	19	0.60	80
大堂		地面	200	—	0.40	80
总服务台		台面	300*	—	—	80
休息厅		地面	200	22	0.40	80
客房层走廊		地面	50	—	0.40	80
厨房		台面	500*	—	0.70	80
游泳池		水面	200	—	0.60	80
健身房		0.75m水平面	200	22	0.60	80
洗衣房		0.75m水平面	200	—	0.40	80

注：*指混合照明照度。

酒店不同功能区域有不同的照明需求，也同时对酒店照明提出了更严格的节能要求，采用照明功率密度值（LPD）来衡量，要求必须满足现行值，酒店建筑的照明功率密度值见表2-4。

酒店建筑照明功率密度值限值　　　　表2-4

参考平面及其高度	照度标准值（lx）	照明功率密度限值（W/m²）	
		现行值	目标值
客房	—	7.0	6.0
中餐厅	200	9.0	8.0
西餐厅	150	6.5	5.5
多功能厅	300	13.5	12.0
客房层走廊	50	4.0	3.5
大堂	200	9.0	8.0
会议室	300	9.0	8.0

2.2.3　星级酒店灯光设计案例分析——北戴河某国际酒店

对室内设计来说，灯光设计在其中往往是扮演一个配角，但是就空间成果展现而言，仍然举足轻重。成者可以缔造让人印象深刻的空间，败者则是会让好的空间黯然失色。星级酒店多有各种设施空间，从入口的接待大厅、咖啡厅、多功能宴会厅、中式和西式风格的餐厅、时尚的休闲酒廊、会议室、室内泳池、专业健身中心到舒适豪华的客房及套房等，图2-23所示为某五星级酒店夜间外观照明，照明设计师应找出酒店的特色并将其发挥出来。灯光设计在其中扮演了重要的角色。如何以灯光设计来彰显每个区域的特性，营造出有格调的空间特色和舒适自在的气氛，便是灯光设计师的职责所在。

酒店提供的是大众化服务，因此品牌连锁酒店照明设计更应该要注意客人的整体认知，以灯光描绘空间、叙述酒店品牌的故事。近年来体验式经济崛起，不能讳言许多特色酒店带给顾客十分出色的酒店体验、拥有一群忠实的客户。但对于品牌星级酒店而言，什么是其顾客体验呢，能够在一众酒店中脱颖而出，做出与特色酒店的差异性，又同时保有原本的传统与风格吗？这也是身为灯光设计师必须思考的问题。

1. 入口接待大厅

将室内设计概念与照明设计思维相互结合，营造出室内空间的舒适感以及创造良好的光环境是一个重要的因素。入口接待大厅是建筑物与室内尺度

图2-23　某五星级酒店夜间外观照明

转换之间的中介，需着重于使用者的舒适度和感受。在此多元的使用空间中，应运用照明设计以及色温的转换，让使用者能够更容易进入情境的氛围，如图 2-24 所示。

图 2-24　明亮舒适的
　　　　入口大厅（左）
图 2-25　灯光设计延
　　　　续室内格栅的设计
　　　　语汇，以圆形场域
　　　　为基础发挥出不同
　　　　的层次效果（右）

入口中介空间：在一楼入口处挑高大厅因有大面落地窗，以间接光勾勒出挑高顶棚的空间层次、营造气氛，再以嵌灯补足基本照度需求。色温过低会让人觉得看不清楚或与室外落差太大、色温过高会缺乏温馨及亲切感，因此最好维持在 3000K 左右。进入到等候座位区后，可以降低整体照度，约在 200lx，使人情绪上得以放松。柜台照度则需要 1000 ~ 1500lx 左右，让客人能容易在不熟悉的环境中辨识出来，也达到适合阅读、书写的照度。等候区以顶棚造型为室内主要的特色，使用格栅呼应入口与立面的设计，圆形弧线的格栅顶棚，再垂下细致的吊灯收尾，明暗之际创造出了层次与美感，传递出该酒店的风格。图 2-24 所示为接待大厅入口配合大面积落地窗调整灯具选配数量或切换模式，达到明亮适中、减少不必要浪费的效果。灯光设计延续室内格栅的设计语汇，以圆形场域为基础发挥出不同的层次效果（图 2-25）。精致轻巧的吊灯为空间视觉的焦点，配合整体设计展现出酒店风格（图 2-26）。

2. 过渡空间

过渡空间电梯厅与廊道要注意与其他空间相互的协调性，观察室内设计师的设计元素与所要传递的概念，思考行走、等候、进出电梯各空间的照度变化。需注意人眼对于环境的适应性，来避免因进出不同空间照度改变时对于眼睛所产生的不适感。

整体照度柔和、以重点照明照射在端景以及使用按钮的位置。

板灯洗亮顶棚框架，让间接光在顶棚晕开，搭配嵌灯打亮饰板、植栽以及电梯按钮等重点照明，灯光成为最佳指引，如图 2-27、图 2-28 所示。

3. 饮食空间

该国际酒店饮食空间为自助式餐厅、中式餐厅及酒吧，每个空间都具有不同性质，例如自助式餐厅须注意客户动线与服务动线、中式餐厅注意谈话空间和隐私、酒吧则是营造静谧的气氛。因此，灯光设计必须考量空间的用途、动线、人的使用行为、使用时间，甚至是相连的空间等各项因素。

1）酒吧

提供给旅客一个谈话、思考及放松的空间，在灯光配置上不宜太亮，以气氛营造为主。以格栅形塑出场域，外围使用间接照明及嵌灯，亮度做出差异性。内部空间运用光纤作为星点的意象，让旅客在放松时刻虽然在室内，还是能够感受星光点点的浪漫。吧台运用吊灯打亮台面，使客人容易搜寻到位置。格栅内的嵌灯洗亮格栅的同时也提供较亮的座位需求，角落的一盏盏半直接照明的立灯则点亮了周边温暖、温馨的氛围。酒吧内整体照度大约为75lx，全区域使用2700～3000K的暖色灯光传递温暖舒适的感觉。内部照度整体偏暗，搭配顶棚中的星点使静谧感油然而生。酒吧利用格栅设计成半通透场域，灯光设计除了满足基本照明需求外，还可扮演气氛塑造及引导的角色。走道以窄角嵌灯投射出视觉的序列感，呼应立面的次序性的格栅设计，如图2-29～图2-31所示。

2）中式餐厅

中式餐厅采用东方语汇，大量的方形木条以水平垂直方式排列成格栅，定制的立灯与吊灯使用浅色透光的布面灯具，与硬质的深色格栅调和出古典东方

图 2-26 精致轻巧的吊灯为空间视觉的焦点（左）

图 2-27 电梯厅照明设计（中）

图 2-28 楼梯照明设计（右）

图 2-29 静谧温馨的酒吧空间（左）

图 2-30 利用格栅设计成的半通透场域灯光设计与气氛塑造（右）

的美感。壁面雾金壁纸及金色缎面窗帘，柔和地反射了空间中光源的光线，使餐厅增添了几分光彩奢华的感受。此餐厅照度约为200lx，重点照明约为300lx，中式餐厅照度相较于自助式餐厅来得低，也给人较私密、安静的感受。这样的差异便能区分出不同客层，客人也会因自身的需求喜好改变选择的空间。此空间选用东方风格的灯具搭配，是演绎空间的要角，如图2—32～图2—35所示。

3) 自助式餐厅

餐厅的菜色为西式自助式，自助区运用隐藏的线型灯，顶棚光影交错。值得注意的是，较大的星级酒店普遍会在餐厅开设长形的水平窗，使人视野舒展、心情开阔，得以将室外景致尽收眼底。大面积水平窗使得自然采光得以进入室内，让人有置身户外的感受。

局部照明可以使空间跳脱并显示出重点信息，将人的视线吸引到有意要传递信息的地方，例如服务性质的柜台、体现氛围的艺术品、餐具放置处、菜单位置等。若是能以照明形塑出一个属于此桌的光环境，这将是把如同食堂一般广大的用餐区精致化、提升品位的关键。餐桌照度约为500lx，但设计师要懂得因地制宜，且在实用与美感当中取得平衡，如图2—36～图2—40所示。

照明设计在空间设计中，占有举足轻重的地位，通过仔细地观察，建构出建筑、室内、空间的本质，其本质不仅仅是人的住所，更是心灵的依托，以人为本的设计在最终都将回归纯粹、自然、简单，以真实的建筑经历与见闻，

图2—31 走道的窄角嵌灯投射出视觉的序列感（上左）

图2—32 灯具与木格栅以垂直水平及方形为元素呈现东方美学（上右）

图2—33 分区用餐空间利用两种不同形式的灯具搭配，使空间更有立体层次（下左）

图2—34 桌面的重点照明落在桌花上，形成属于此桌的光环境，使此座位看起来更精致（下右）

图2-35　多种照明手法的使用能增加空间的变化性与层次感，是兼具实用性与风格的设计展现（左）

图2-36　以重点照明让端景的迎宾摆设脱颖而出，成为空间中视觉的焦点（右）

通过建筑与照明让大家体认到生活与自然的和谐关系。

　　商业空间酒店照明相较于住宅照明有着更多元及更细腻的要求，除了服务性公共空间的种类更多元、服务内容更精致外，未来照明系统将会与智能系统有更多交集，为客人发展出更贴心的整合设计。

　　灯光设计观察空间与人的尺度，使灯光设计更能契合空间的使用主题，规划依循人的动线思考，将之隐抑后，自然地拓展于其中，让光层层渐变，浅浅呼吸，形塑出空间的动与静，动静之间，犹如随风摇曳的树影洒在窗棂上，勾勒出空间的细节，演绎出不同的情感。

图2-37　在人平视下方视角的局部照明，除了踢脚处的照明外，其他照明都具有其功能意涵（左）

图2-38　用餐空间与厨房照明的用途不同，在色温与照度上也有差异（右）

图2-39　自然采光从大面积水平窗进入室内，不但使户外景致尽收眼底，也开阔了人的心境

图2-40　餐桌的光环境，既能增添气氛又能提升精致感

2.3 商业空间照明应用设计

在商业活动中，照明扮演着十分重要的角色。良好的照明环境可以显示商店独特的性质和品位，而且商店照明设计直接影响到商品的销售。尽心设计的照明效果可以更有效地突出商品的品质，提高顾客的购买欲。

2.3.1 商业照明的目的与作用

1. 照明应能吸引顾客的注意力

照明设计应使商店从众多的购物环境中脱颖而出，吸引和提高顾客的兴趣。可以通过熟悉的商品标志和灯光吸引潜在顾客；也可以通过加强橱窗、墙面照明或者提亮商店入口吸引顾客；还可以通过促销广告、照明效果等引导顾客快速找到购物区域。

2. 照明应能使顾客正确地评价商品的品质

照明设计应能使顾客很容易辨别商品的外形、颜色等视觉特征，从而提高购买欲；对于新品上市、特价活动以及高利率产品可采用照明技术将货品区域进行划分，方便顾客对特定产品的购买。

3. 照明应为交易的完成提供足够的亮度

要提供足够的照明方便营业员看清价目、进行包装等工作。

2.3.2 商业空间的照明标准

根据《建筑照明设计标准》GB/T 50034—2024 的规定，商店照明的标准见表 2-5。

商店建筑照明标准值　　　　　　　　　　　　　　　　表2-5

房间或场所	参考平面及其高度	照度标准值（lx）	UGR	Uo	R_a
一般商店营业厅	0.75m水平面	300	22	0.60	80
一般室内商业街	地面	200	22	0.60	80
高档商店营业厅	0.75m水平面	500	22	0.60	80
高档室内商业街	地面	300	22	0.60	80
一般超市营业厅	0.75m水平面	300	22	0.60	80
高档超市营业厅	0.75m水平面	500	22	0.60	80
仓储式超市	0.75m水平面	300	22	0.60	80
专卖店营业厅	0.75m水平面	300	22	0.60	80
农贸市场	0.75m水平面	200	25	0.40	80
收款台	台面	500*	—	0.60	80

注：*指混合照明照度。

在《建筑照明设计标准》GB/T 50034—2024 的基础上，《商店建筑设计规范》JGJ 48—2014 作出了更为具体的规定，主要内容见表 2-6。

名称		要求
橱窗照明		其照度宜为营业厅照度的2～4倍
视觉作业场所	均匀度	一般照明的均匀度不低于0.6
	货架照明	货架的垂直照度不宜低于50lx
	柜台区照明	商店、商场营业厅照明，除满足一般垂直照度外，柜台区的照度宜为一般垂直照度的2～3倍（近街处取低值，厅内深处取高值）
	亮度	视觉作业亮度与其相邻环境的亮度比宜为3∶1
顶棚照度		水平照度的0.3～0.9倍
墙面	照度	水平照度的0.5～0.8倍
	亮度	墙面的亮度不应大于工作区的亮度

2.3.3　商业空间的照明方式

根据《建筑照明设计标准》GB/T 50034—2024、《商店建筑设计规范》JGJ 48—2014、《商店建筑电气设计规范》JGJ 392—2016，将照明方式分为一般照明、分区一般照明、局部照明、重点照明和混合照明。

1.一般照明

一般照明是为商店提供一个均匀的光环境，有适当的色温和较高的光源显色性，且满足商店功能变化的需求，同时货架上的垂直照度应适当。一般不需要考虑商品展示照明，也不考虑商品的具体位置。

2.分区一般照明

因整体空间内部功能的不同，而产生不同的照明需求，大空间内分割成若干个不同的区间，分区一般照明能够满足每个区间不同产品的不同技术要求，把商品进行划分。

3.局部照明

局部照明是指特定视觉工作用的，为照亮某个局部而设置的照明，照度要求为一般照明的1～3倍。商店建筑中的收银台、总服务台等，需要特定的视觉，需要设置局部照明，使工作人员能够完成接待、收款、包装等过程。

4.重点照明

重点照明是指为提高指定区域或目标的照度，使其比周围区域突出的照明，照度要求要大大高于一般照明。在商店照明中，展示商品需要突出和美化，商品的可见度和吸引力是十分重要的，对特定物体进行照明，可提升物品的形象，使物品的形状、结构、组织和颜色与环境形成对比，从而成为注意力的焦点，以吸引顾客、增加销售。

5.混合照明

商店空间的照明往往是由多种照明方式组合而成的混合照明。

2.3.4 商业空间的照明设计

商业照明与其他室内照明不同，更多的是考虑视觉效果，以及照明环境对顾客心理产生的影响。商业照明更注重艺术效果，因此更多地利用光影对比、戏剧性场景等彰显特征。

1. 超市

超市是指采用自选销售方式，以销售食品、生鲜食品和日常生活用品为主，向顾客提供日常生活必需品为主要目的的零售业态。一般由百货区域、新鲜货物区域、水果蔬菜区域、仓储区域、办公区域、餐饮休息区域、室外和道路广告区域等构成。

1) 百货区照明

百货区在货架上陈列的商品应该具有较高的照度，帮助顾客辨别物品的品质和颜色，见表2-7。

百货区照明要求 表2-7

照明参数	要求
照度要求	符合表2-5要求，在高照度下人们的行为快捷和兴奋
均匀度	在顾客活动的空间范围内，需要达到一定程度的照度均匀度，注意货架挡光的作用，避免引起局部的不均匀
色温	4000～5000K
显色性	R_a>80，可以更好地还原商品的色彩；若采用LED灯，还要求R_9>0
眩光控制	应确保人所处的光环境，在正常视野中不应出现高亮度的物体

2) 新鲜货物区照明

新鲜货物区应该突出视觉的新鲜感，通过照明来提高新鲜物品的诱惑力，见表2-8。

新鲜货物区照明要求 表2-8

照明参数	肉制品及熟食区	水果、蔬菜、鲜花区	面包房
建议照度（lx）	>500	1000	>500，宜750
色温（K）	4000～6500	3000～4000	2700～3000
显色性	R_a>80；若采用LED灯，还要求R_9>0		
灯具、光源	支架灯、格栅灯、平板灯等；光源可为LED灯、直管荧光灯、单端荧光灯、陶瓷金卤灯等		

3) 收银区照明

收银区要强调的是引导性并具有良好的照明水平，见表2-9。

2. 百货商店与购物中心

百货商店是指在一栋大建筑体内，根据不同商品部门设销售区，以销售服装、化妆品、鞋类箱包、礼品、家庭用品为主，提供相关服务、满足消费者

收银区照明要求 表2—9

照度（lx）	500～1000
色温（K）	4000～6500
显色性	$R_a>80$

对商品多样化选择的零售业态。购物中心是指在一个建筑体（群）内，由企业有计划地开发、拥有、管理运营的各类零售业态、服务设施的集合体。总之，百货商店与购物中心销售的产品种类繁多，是各产品、各品牌综合展示与销售的平台。

百货商店与购物中心的照明一般分为一般照明（环境照明）和重点照明（展示照明）。由于涉及多个品牌，因此设计也随着品牌本身的定位与形象完成室内风格，照明设计应根据室内风格和商品内容的变化而变化。

对于中端产品（中附加值产品），其商店客流适中，以销售中等价值物品为主流，此类商店照明宜在一般照明的基础上附加有限的重点照明突出产品的材质与颜色等特性。

对于高端产品（高附加值产品），其商店一般客流量比较小，有专门的一对一销售服务人员，如珠宝首饰、奢侈品品牌等。此类照明更注重购物体验，要给顾客舒适放松的购物环境，提供休息区增加顾客停留时间，从而促进销售。这种环境一般采用低照度，而对产品进行重点照明。

1）陈列区、展示区照明

陈列区应采用重点照明以突出商品，照明指标见表2—10。

陈列区照明指标 表2—10

名称	要求
照度	由重点照明系数决定，一般要达到750lx
重点照明系数	5：1～15：1
色温	根据被照物质颜色决定，3000K以上
显色性	$R_a>80$；若采用LED灯，还要求$R_9>0$
应用灯具	射灯、轨道灯、组合射灯等
光源	LED灯、卤钨灯、陶瓷金属卤化物灯等

展示区是为了突出专卖商品和展示商品，一般采用重点照明，以吸引顾客注意力，刺激顾客购买欲。

2）柜台照明

柜台是专门为顾客挑选小巧而昂贵的商品所设，应能清楚看到每件商品的细部、色彩、标记、标识、文字说明、价格标签等。照明指标见表2—11。

3）橱窗照明

橱窗展示照明是为了吸引顾客注意力，展示商品的特点，从而起到宣传的作用。橱窗照明指标见表2—12。

柜台照明指标　　　　　　　　　　　　　　　　　　　　表2—11

名称	要求
一般照明照度	500~1000lx
重点照明系数	5∶1~2∶1
色温	根据被照物质颜色决定，一般大于3000K
显色性	R_a>80；若采用LED灯，还要求R_9>0
应用灯具	LED灯、石英杯灯、陶瓷金属卤化物灯等

橱窗照明指标　　　　　　　　　　　　　　　　　　　　表2—12

类型	白天指标					
	向外橱窗照度（lx）	店内橱窗照度（lx）	重点照明系数AF	一般照明色温（K）	重点照明色温（K）	显色指数R_a*
高档	>2000（应）	>一般照明	10∶1~20∶1	4000	3500	>90
中档	>2000（宜）	周围照度的2倍	15∶1~20∶1	2750~4000	2750~3500	>80
平价	1500~2500	比四周照度高2~5倍	5∶1~10∶1	4000	4000	>80

类型	夜间指标					
	一般照明照度（lx）	重点照明照度（lx）	重点照明系数AF	一般照明色温（K）	重点照明色温（K）	显色指数R_a*
高档	100	1500~3000	15∶1~30∶1	2750~3000	2750~3000	>90
中档	300	4500~9000	15∶1~30∶1	2750~4000	2750~4000	>80
平价	500	2500~7500	5∶1~15∶1	3000~3500	3000~3500	>80

*若采用LED灯，除满足R_a要求外，还要求R_9>0。

4）不同档次商品区的不同要求

百货商店档次定位决定了照明要求，照明要求见表2—13。

不同档次的百货商店对照明的要求　　　　　　　　　表2—13

区域类别	一般照明（lx）	相对色温	显色性指数R_a*	重点照明系数AF	其他
高档商品区域	300	与环境协调	80~90	(15~30)∶1	以制造戏剧性效果烘托商店气氛
中档商品区域	300~500	与环境协调	>80	(5~15)∶1	制造温暖、宾至如归的气氛
低档商品区域	750~1000	>4000K	>80	—	商店的气氛应突出物美价廉

*若采用LED灯，除满足R_a要求外，还要求R_9>0。

3. 专卖店

专卖店是指以专门经营某一类商品为主，并且具有丰富专业知识的销售人员和提供适当售后服务的零售业态。注重的是商品的品质和价格，但是更强调品牌的定位和形象。可以通过动态照明的灯光、色彩变化等形式，突破静态照明的效果，从而成为辅助销售手段，达到个性化的需求。

专卖店根据品牌的定位和商品的价值确定其附加值，而后根据其附加值确定照明形式。专卖店照度的要求普遍比百货商店与购物中心的要求高，对于重点区域、重要商品，专卖店重点照明系数（AF）会比百货商店与购物中心高出一倍；专卖店的照明光源色温差别较大，显色指数也要高一些。

专卖店都有强而有力的品牌形象、市场策划和销售策略，从店内的货物选择、摆设、货架或展柜的形式，店内空间的划分到店内的广告等，都有其鲜明的特色。通用型专卖店照明指标见表 2—14。

通用型专卖店照明参考指标　　　　　　　　　　　　　　　　表2—14

评价参考	单位	推荐数值
平均水平照度	lx	500～1000
显色性	—	$R_a>80$；若采用LED灯，还要求$R_9>0$
色温	K	2500～4500
重点系数	—	2：1～15：1

不同年龄段人群对照明有不同的要求，具体见表 2—15。

不同年龄段人群对照明的要求　　　　　　　　　　　　　　　　表2—15

顾客对象	照明要求、特点	展示品的表现
儿童	漫射和重点照明，暖色	玩具类
青少年	彩色照明，动态照明，强烈的亮度对比，照明的重要目的是装饰	活泼、朝气
20～40岁	定向高光照明，色彩丰富，加入漫射成分	运动用品、流行、浪漫
中老年	遮蔽很好的定向照明，加入漫射成分	较古典的艺术、自然
老年人	照度水平高，其他与上面相仿	自然、怡静

2.3.5　商业空间项目照明设计典型案例分析——××酒窖

室内灯光照明配置的方法与技巧取决于空间的用途，例如当空间设定为厨房或当卧室使用，所需要的照度以及配灯位置、型式各种考量都不同。更何况是有特殊功能及条件的空间——储藏红酒的酒窖所需要注意的不只是外显的照明功能与美观功能，而是换个角度、更进一步从葡萄酒储藏来进行思考。

本章探讨除了照明设计基本的功能性与实用性之外的另一个重点，也就是要符合葡萄酒收藏家与专业销售的需求来进行照明设计。在开始探讨本案之前我们必须先研究、了解葡萄酒本身的性质、保存的条件，并且明确此空间位于无自然光的地下室。因此，在进行设计时必须不断紧扣这两个主轴才不会偏

商业空间项目照明设计典型案例分析——××酒窖

离，做了不合宜的照明规划的话，严重的可能会使得业主的珍藏受到损耗。

该酒窖整体照明设计偏暗，以减弱视觉感官刺激，从而达到提升味觉和嗅觉的目的。空间中使用许多视觉能直接看见的工业风格灯具，例如壁灯、吸顶灯、吊灯等，在营造气氛与设计风格的同时，须注意到如何使用漫射而不另加多余的灯具来达到基本照度的需求，如图 2-41 所示。

1. 入口阶梯区

作为酒窖的门面，英伦风格的装潢，搭配深蓝色的入口以及木作，给人一种深层内敛的形象。在夜晚，配合灯光呈现出里外共同的样貌，述说同样的语汇，则考验设计师的能力。

1）入口门面

光配置上在入口处使用混合复古与科技感的壁灯，欢迎着前来的客人，亦展现空间内部的调性，使用欧式复古的风格结合现代的颜色与 LOGO 表现出新颖的设计，如图 2-42 所示。

2）楼梯

进入一楼入口，映入眼帘的是旋转楼梯与电梯，室内同样选用与室外同样调性的造型壁灯，除了照明功能之外，也作为路线的引导，跟着下楼后，才能一览酒窖的真面目。楼梯部分，则用灯光勾勒出楼梯的线条美感，并且提供足够亮度，沿着楼梯扶手底部，用淡淡光晕洗亮阶梯面，如图 2-43、图 2-44 所示。

3）电梯

复古的栅栏式电梯让人仿佛穿越时空一般，通透的空间，让搭乘电梯上下楼这件事情充满了趣味以及期待，灯光以吸顶灯照亮车厢空间，在拉门关妥后电梯开始往下，吸顶灯关闭，直到电梯停妥后，吸顶灯才会再度亮起，用灯光作为安全的贴心提醒，如图 2-45 所示。

图 2-41　减弱视觉感官刺激以达到提升味觉和嗅觉的目的的整体照明设计（左）

图 2-42　新颖的入口门面设计（中）

图 2-43　渐暗的照明让人眼适应并增添神秘气氛，白大理石楼梯仿佛诉说着当年的记忆（右）

图 2-44　使用复古造型壁灯来定调并符合酒窖整体空间设计风格

图 2-45 电梯内的吸顶灯所产生的光线从栅门透射出来，光影变化之间呈现了另一种怀念的氛围（左）

图 2-46 品酒区偏暗的设计可凸显相连的吧台服务区，引导视线让客人看到酒与吧台的方向（右）

2. B1 外区

真正进入到酒窖内部，此区连接了品酒区、吧台区、展示区、VIP 室与酒窖区的入口。当电梯停妥后地面的光随之亮起，象征着欢迎来客莅临，同时这里也是吧台区与展示区的中介空间，柱列的圆拱隔开了空间，运用壁灯将圆拱打亮，圆拱的美丽曲线也成为此空间的独特表情。

1) 品酒区与吧台区

整体空间设定偏暗，除了漫射光线以外，只有桌面简单又原始的蜡烛光源，让视觉的焦点停留在端景透光的拱形的置酒柜上，以及自身品酒的味觉感官。拱形装饰柱上的壁灯提供漫射照明的功能，以配合空间整体。光线透过玻璃层板照亮了其上各式的酒类，突出吧台的功能及在空间中的重要性。吧台前方客人座位的石材桌面透出微光，给人一种静谧与优雅的氛围，然而石材桌面下方的光线可维持地面基本照度，以满足安全性的要求。整个酒窖就像是城市里的秘密基地，等待着人们前来一探究竟，如图 2-46 ~ 图 2-48 所示。

2) 展示区

自然光线非常不利于酒品储存，可能使酒液氧化过程加剧，造成酒味浑浊、变色等现象，因此酒窖最好以人工的方式控制照明强度和色温。有大面积的玻璃门作为空间的区隔，每个层架都设置有灯光来刷亮酒标，琥珀色的光源除了提供基本照度查看酒标之外，也不容易对酒的质量造成影响。展示区的酒

图 2-47 端景泛光的拱形置酒柜增添了亮度与空间立面的层次（左）

图 2-48 偏暗的空间将照度差异性提高，也让空间的重点区域更加明显（右）

图 2-49　由外部看展示区虽然光线并不亮，但是台阶下方的间接光能使放置许多红酒的展示区看起来轻盈许多，并可以突显此空间（左）

图 2-50　由于光会对酒的质量产生影响，因此选用较不伤葡萄酒的琥珀光作为本区的主要照明（右）

图 2-51　灯条安装在每层酒柜的上方或下方，依照商品摆放的方式使光刷亮酒标，方便消费者选购（左）

图 2-52　室内空间的照明光源为了不喧宾夺主，仅来自于墙面壁灯以及线灯洗亮的造型铁门墙（右）

图 2-53　造型铁门墙漫射出来的光线形塑出空间氛围（左）

图 2-54　照明强化室内设计在墙上特别做旧的材质，以呈现酒窖的历史感（右）

替换时间相较于藏酒区短，中央虽然因业主要求而设有吊灯，但是以装饰性为主、亮度微弱，对此区的葡萄酒影响较小，如图 2-49 ～图 2-51 所示。

　　3）VIP 区

　　以壁灯作为路线引导照亮长廊，厚重的木门后藏着一间间的 VIP 室，神秘的气氛让人产生期待。室内灯光仅来自墙面的造型壁灯，以及旁边的造型墙格栅，在照度设定上偏暗是为了在客户品尝红酒时削弱视觉感官的刺激，将重点放在嗅觉及味觉的感受上，如图 2-52 ～图 2-55 所示。

　　4）藏酒区

　　偌大的藏酒区占了整个酒窖一半的面积，顾客可将自己的红酒收藏于此。整个空间使用手机 APP 控制温度、湿度及照明。进入前在门口需扫描确认身

图 2—55　VIP 走道衔接着大小 VIP 室，以壁灯隐约照亮作为路线指引，营造神秘的气氛与期待（左）

图 2—56　藏酒区入口，整区采用智慧控制系统，由管理者使用APP统一管理（中）

图 2—57　整区以水波纹的图像作为走道照明，未来将规划成个人路径引导使用（右）

份，进入后有着装空间可穿戴保暖衣物，随着波纹图样照明的指引找到个人的酒柜。当然，要租用酒柜将酒收藏于此，必定葡萄酒的价值非凡。因此，不仅是进入藏酒区前要确认身份，酒柜也都会上锁，唯有自己的酒柜才会随确认身份后开启。柜内灯光平时为避免酒类因光害影响变质而关闭，只有需要时才开启。这些都是为了使得收藏在此的葡萄酒保有最好的质量而进行的设计，如图 2—56、图 2—57 所示。

在酒窖灯光设计中，氛围营造固然对于整体空间是重要的，但如何"保存"葡萄酒才是原本酒窖设置的初衷，切勿因为美观而忽略原本的目的，如果设计了会对葡萄酒造成损害的照明就是因小失大、本末倒置了。

2.4　办公空间照明应用设计

办公空间的出现源于人类组织管理、商务往来的需要，只要有管理和商务的地方，就要有办公场所。从其业务性质进行分类，目前主要有三类：行政办公空间：即党政机关、民间团体及事业单位的办公空间；商业办公空间：即企业和服务业单位的办公空间；综合性办公空间：即以办公空间为主，同时包含公寓、旅游业、工商业和展览场所等。

本章重点在商业办公空间的照明设计。除了上面提及的内容，商业办公装饰风格还多带有行业性质，如设计事务所、高科技办公空间等均属于商业办公空间。其照明方式的设计应充分体现行业形象特点，根据不同空间、不同区域、不同功能要求来进行设计，为不同空间的使用者提供良好的视觉照明效果。

案例来源

2.4.1　办公空间照明标准

优质的办公照明需要空间、人、自然光之间的互动。如果建筑和室内是第一轮和第二轮空间规划，那么灯光就是第三轮空间规划。

照度，即光照强度，是一种物理术语，指光照的强弱和物体表面积被照明程度的量，单位勒克斯（lx）。一般情况下有以下规律，对同一个光源来说，光源距离光照面越远，光照面上的照度就越小；光源距离光照面越近，光照面上的照度就越大。光源和光照面距离一定的情况下，垂直照射和斜射比较，垂直照射的照度较大；光线越斜，照度就越小。

《建筑照明设计标准》GB/T 50034—2024 中规定了办公建筑用房的照度标准值，见表2—16。

办公建筑照度标准值　　　　　　　　　　表2—16

房间或场所	参考平面及其高度	照度标准值（lx）	UGR	U_o	R_a
普通办公室	0.75m水平面	300	19	0.60	80
高档办公室	0.75m水平面	500	19	0.60	80
会议室	0.75m水平面	300	19	0.60	80
视频会议室	0.75m水平面	750	19	0.60	80
接待室、前台	0.75m水平面	200	—	0.40	80
服务大厅、营业厅	0.75m水平面	300	22	0.40	80
设计室	实际工作面	500	19	0.60	80
文件整理、复印、发行室	0.75m水平面	300	—	0.40	80
资料、档案存放室	0.75m水平面	200	—	0.40	80

注：此表适用于所有类型建筑的办公室和类似用途场所的照明。

1．水平照度

水平照度即是水平面上一点的照度。公共空间中的水平照度，一方面用来确定眼睛在一定空间范围内的适应状态，另一方面用来凸显被看物体的视觉背景，如桌面照度、地面照度等。

2．垂直照度

垂直照度即是垂直面上一点的照度。商业办公空间中多指电脑屏幕照度、墙面照度、空间立体面照度等。

3．照度标准值的选择

（1）根据房间功能选择相应的照度标准值。

（2）根据建筑等级和实际要求，选择不同档次的照度标准值。

（3）当工作场所对视觉、作业精度有更高要求时，可提高一级照度标准值。

（4）设计照度与照度标准值的偏差不应超过 ±10%（此偏差适用于装10个灯具以上的照明场所，当小于或等于10个灯具时，允许适当超过此偏差）。

4．人性化舒适的照度水平数据分析

照度是研究空间照明的重要单位，在设计类办公空间中，工作人员以电脑作业和伏案绘图为主，因此，根据不同的区域功能，其照度是各不相同的，科学的照明设计是提高工作效率的重要保证。通常在开敞的电脑作业区，照度在 300 ～ 500lx 即可，而在特殊工作或条件允许的情况下，为进一步缓解工作人员眼睛的疲劳，局部照度就需要 1000 ～ 2000lx，见表 2-17。

设计类办公空间照明的照度推荐表　　　　　表2-17

不同功能的场所		平均照度（lx）	办公空间	平均照度（lx）
非经常使用的区域	短暂逗留的区域	70～100	走道	100
	不进行连续工作的空间	150～200	楼梯间、电梯间	150
办公区一般照明	视觉要求有限的区域	300～500	接待室、会议室	300～500
	普通要求的办公区域	500～750	开敞性办公区	500～750
	高照明要求的办公区域	1000～1500	绘图室	1000
精密作业附加的照明	长时间精密作业	2000以上	绘图板	1000～2000

不同的功能空间需要不同的照度，不仅环保节能，更重要的是符合人类健康的工作环境需求。在条件允许的范围内要提高照度标准，同时，适当增加空间照度，使空间产生开敞明亮的感觉，尤其是在高大的共享空间，不仅加大灯具的体量感，还要提高灯具的照度。如前台接待大厅，令来访者好感倍增，提升企业形象。

2.4.2　办公室空间光源与灯具的选择

1．光源选择

1）T8 三基色直管荧光灯

办公室照明采用的传统光源，长期应用于办公场所。常用的 T8 三基色直管荧光灯技术参数见表 2-18。

常用的T8三基色直管荧光灯技术参数　　　　　表2-18

功率（W）	光通量（lm）	色温（K）	显色性（Ra）	长度（mm）
18	1350	2700～6500	≥80	600
36	3350	2700～6500	≥80	1200

2）T5 三基色直管荧光灯

T5 三基色直管荧光灯的光效明显高于 T8 三基色直管荧光灯（后简称："T8管"），其直径小于 T8 管，能更好地控制眩光，在目前的办公室照明设计中，已基本替代了传统的 T8 管。常用 T5 三基色直管荧光灯技术参数见表 2-19。

常用T5三基色直管荧光灯技术参数　　　　　表2-19

功率（W）	光通量（lm）	色温（K）	显色性（Ra）	长度（mm）
14	1200～1350	2700～6500	85	600
28	2600～2800	2700～6500	85	1200

3）LED 光源

随着 LED 技术的飞速发展、日趋成熟，LED 光源的应用场所已经从室外发展到室内，目前较广泛地应用于办公室照明设计中。室内 LED 光源、灯具的规格、性能及控制要求可参见《LED 室内照明应用技术要求》GB/T 31831—2015。

在 2018 年法兰克福照明展上，可以无限接近日光光谱的芯片问世了。由于 LED 光源体积非常小，很多灯具的体积由此可以大大缩小。

4）办公空间中的自然光

PSLAB 照明总部位于伦敦南部街区一条安静的小街上，坐落在维多利亚时代的皮革厂中。这座历史建筑改造成了一系列"既定又交织"的工作区域，使员工可以轻松地进行互动和协作（图 2—58）。

近十几年的研究发现，办公空间中的自然光对于人们的视觉及心理感受具有重要的影响，适宜的自然光能够提高使用者的满意度、愉悦感和积极性，以及视觉舒适度、视觉功效，进而提高工作效率。恢复办公室中的"自然光照"，是现代办公室智能照明最重要的目标之一。

2. 灯具选择

1）灯盘

格栅荧光灯（灯盘）是办公室照明设计中采用的最传统的照明灯具（图 2—59）。根据建筑顶棚形式，有嵌入式和吊挂式；根据顶棚规格可选用不同的灯具尺寸。现在更节能的 LED 灯取代了最初节能高效的荧光灯。

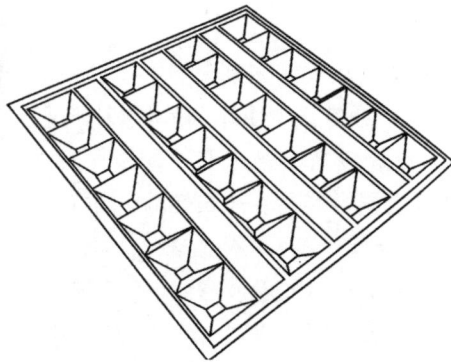

图 2—58　伦敦 PSLAB
照明总部
图 2—59　传统的"灯盘"

但是近十年来，办公室室内装饰风格已经发生了极大的变化，越来越多的公司抛弃了那种千篇一律的模块化吊顶。即使是租用的办公室，公司也会要求个性化的装修风格，照明手法也随之越来越多样化。

2）吊灯

吊装的灯具（吊灯）也很常见，由于吊灯方便向下或向上投射光线，所以可以非常容易地将直接照明和间接照明融合在一款灯具上，可以提供良好的照明效果（图 2—60）。

3）壁灯

壁灯也是一些办公区域非常好的照明手段，但是办公室中人与壁灯的距

图 2-60 纽约 AdidAs
办公室展厅空间(一)
(左)
图 2-61 纽 约 AdidAs
办公室展厅空间(二)
(右)

离会非常近，建议采用上投光的壁灯，将顶棚照亮后，利用顶棚的反射光照亮工作面也是非常舒适的（图2-61）。

2.4.3 办公室空间照明设计实例

办公室按其空间形式可分为开放式办公室、半开放式办公室、单间式办公室、单元式办公室。

办公室照明方式按灯具安装部位划分一般采用一般照明、分区一般照明、局部照明、混合照明（由一般照明和局部照明组成）；按光分布划分一般采用直接照明、半直接照明、间接照明、半间接照明形式。

1. 开放式办公室照明设计

1）直接照明

大空间办公区域内的办公家具高度一般在 1.2 ～ 1.5m，上部空间敞开，根据其空间特点，照明设计通常只提供均匀的一般照明。

开放式办公室照明设计应当尽量达到均匀的光照度，桌面的照度值应接近 750lx，这个数值经试验测定最有利于员工顺利展开视觉作业且能保证其高效作业。

多伦多某办公楼公共办公区采用线形照明，不仅可以提供基础照明，还通过线性元素，勾勒室内建筑轮廓，对办公空间进行区分，丰富空间氛围，营造不一样的视觉效果（图2-62）。

2）间接照明和重点照明

独立工作区域为了激发复古车间的感觉，设计师采用了工业照明来补充自然光线（图2-63）。

2. 会议室照明设计

会议室按其使用面积可分为大、中、小型会议室。其照明设计除考虑一般照明外，还应考虑局部照明（白板区）；此外，在

图 2-62 多伦多某办公楼公共办公区采用线形照明

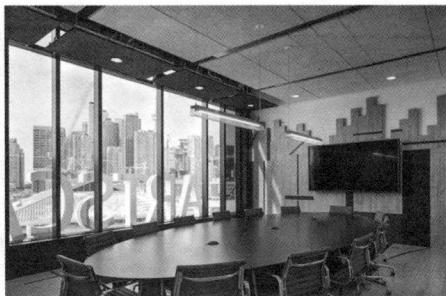

图 2-63　多伦多某办
公楼独立工作区域
照明（左）
图 2-64　多伦多某办公
楼会议照明（右）

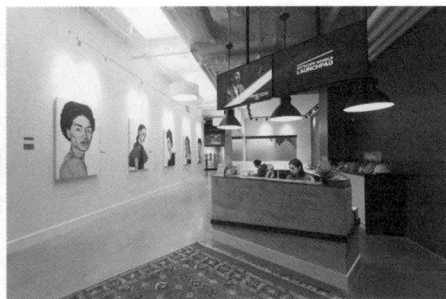

照明控制上，投影幕布区的灯具应能单独控制，既保证投影内容清晰，又能满足会议人员进行记录所需的照度要求。本实例主照明采用 LED 悬吊灯，搭配 LED 小灯杯，营造出不同的会议照明效果（图 2-64）。

3. 走廊及接待厅照明设计

办公室走廊宽度一般为 2 ~ 2.5m，高度为 2.5 ~ 3m。传统的走廊照明灯具常选用嵌入式筒灯，随着 LED 技术的发展，走廊照明灯具选择形式多样，主要配合顶棚形式，可采用方形或条形 LED 平面灯，也可以采用 LED 立体灯（图 2-65、图 2-66）。

图 2-65　多伦多某办
公楼走廊照明（左）
图 2-66　多伦多某办
公楼接待厅照明(右)

2.5　博物馆、美术馆空间照明应用设计

博物馆已成为一个国家或地区综合实力的象征，参观美术馆也逐渐融入现代人的生活方式。现代的美术馆属于博物馆的一种，是对艺术与美术品进行专门搜集、保护、存放、展示和研究的机构，虽然与传统自然历史类博物馆的收藏与展示对象不同，但都属于博物馆的一种，集收藏、展出、研究、文化交流等社会功能于一身，是人类社会高度文明的象征。

随着我国博物馆事业的蓬勃发展，越来越多的博物馆展览展示对专业的博物馆照明技术和产品提出了更高的要求，在博物馆照明设计中，应秉承"安全""还原""舒适"的照明设计理念，更多地应用现代光学、电子和智能技术，在更好地保护文物的原则基础上，通过合理运用光与影的变化，营造出富有生命、充满活力、感觉逼真、整体优化的照明效果（图 2-67），以呈现和还原展品的历史文化底蕴和艺术造诣，为观赏者提供一个舒适的优质光体验环境，用好灯光让博物馆里的文物活起来。

光环境是衡量博物馆、美术馆水平的一项重要指标：为了妥善地保管展品，必须尽可能地使之免受光学辐射的损害；为了给观众创造良好的参观环境，又需要提高照明水平。博物馆、美术馆照明设计的核心是在鉴赏与保护之间取得平衡。

博物馆照明（包括美术馆、艺术中心和临时性展览）可以分为建筑照明（含室外景观部分）、室内照明（含室内公共部分、室内景观部分和展陈照明）。从更严格的意义上来讲，我们平时所说的博物馆照明，是指专业性要求最高的展陈照明。

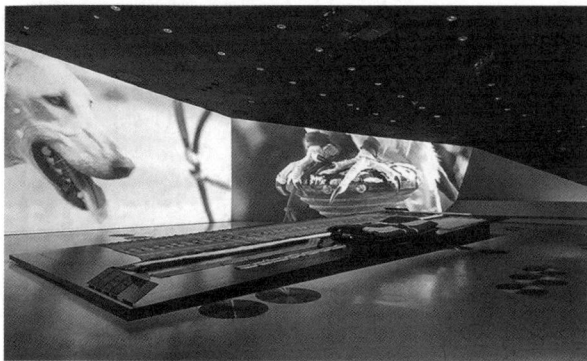

图 2-67　卡塔尔国家
　　　　博物馆
（资料来源：《照明设
　　计》杂志）

2.5.1　博物馆空间光环境

《博物馆照明设计规范》GB/T 23863—2024 规定了博物馆照明的基本要求、照明数量和质量等，适用于新建、改建、扩建或利用古建筑及历史建筑为馆址的博物馆照明设计。

1．一般规定

（1）博物馆的照明设计宜遵循安全、保护、舒适、呈现、节能和维护便利的原则。

（2）照明设计除应符合本文件的规定外，还应符合 GB 50034 的有关规定。

（3）博物馆公共空间和展厅照明应整体协调；展陈照明应进行专项设计，并宜符合附录 A 的规定

（4）利用古建筑或历史建筑为馆址的博物馆，其照明设计应符合古建筑保护的规定。

2．照明方式

（1）博物馆室内各场所应设置一般照明；不同区域有不同照明要求时，应分区采用一般照明。

（2）展厅宜采用一般照明和重点照明相结合的方式。

（3）藏品技术区内对于作业面照度要求较高的场所，宜采用混合照明方式。

（4）当需要通过颜色、亮度变化等实现特定需求时，可采用氛围照明。

注：氛围照明是指在一般照明基础上，通过颜色和亮度变化实现特定环境气氛的照明。

3．陈列室照明设计要求

（1）展品与其背景的亮度比不宜大于 3∶1。

（2）在展馆的入口处，应设过渡区，区内的照度水平宜满足视觉暗适应的要求。

（3）对于陈列对光特别敏感的物体的低照度展室，应设置视觉适应的过渡区。

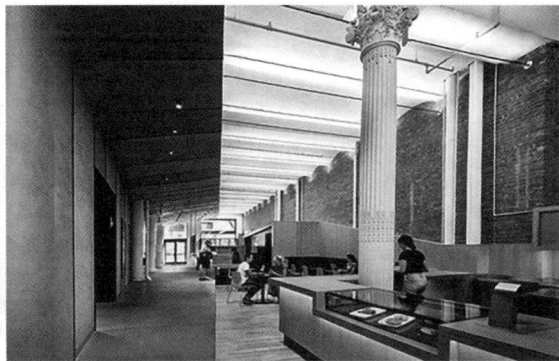

图 2-68　高对比度灯
　　光效果的〝黑〞博
　　物馆（左）
（资料来源：WAC Lighting）
图 2-69　纽约海报博
　　物馆大厅区域照明
　　（右）
（资料来源：《照明设
　　计》杂志）

4. 博物馆的〝黑〞

我们在谈〝黑〞之前先谈一下〝亮〞。自然光，是天然的优质光源，不仅高效而且给人带来的视觉感受最为舒适。建筑设计师们一直在建筑中做着光影的游戏，尽量最大限度地引入自然光，让自然光与影在空间呈现最自然的形态，并成为空间中的造景。但对于展示空间来说，自然光有着它的不稳定性，在晴天太阳直射下室内照度可以达到数十万勒克斯，而阴雨天房间的角落只有十几勒克斯。这么大的照度落差对于博物馆这种展示珍贵文物的空间是不能接受的（图 2-68）。而在非展示空间的自然光引入，例如大厅区域、休息区域、文化品售卖区域则是建筑空间的亮点（图 2-69）。

设计暗黑的博物馆并不是因为博物馆馆长喜欢黑暗的环境，而是受限于文物的年曝光量标准不得不采取的保护措施。但是现代博物馆由于技术手段的提升已经可以非常完美地控制自然光线了，包括电控遮阳帘、通电玻璃，以及可控制反射率和过滤红外线、紫外线的玻璃幕墙等。在现代欧美各发达国家的博物馆已经不再是完全的〝黑〞环境，而是非常人性化的、明暗过渡自然的空间。

5. 博物馆空间照明方式

一般博物馆的照明分为重点照明和基础照明两部分，重点照明是负责照亮展品的，而基础照明是负责照亮环境和通道。如何控制重点照明呢？我们要先了解一个概念：年曝光量。它是指珍贵文物在一年中照射到光线的量。比如文物表面照度为 100lx，一年中展览的时间为 365d，每天 8h。那就是 365 乘以 8 再乘以 100，结果是 292000lx·h/a。这个量决定着文物的展览时间以及表面照度水平。不同材质的文物可以承受的年曝光量是不一样的，具体见表 2-20。

可以想象，如果一个展示中国古画的展厅，按照一般博物馆展厅每天开放 8h、每周闭馆一天计算，古画表面的照度值应该只有 20lx 左右。如果古画表面照度达到了 50lx，每天展出 8h，那么这幅画每年只能展出 21 周（125d），其他时间必须放在库房中。

但是按照计算公式，如果有一张古画每年只展示 10h，那是不是表面照度

年曝光量限制值			表2-20
类别	参考平面及其高度	年曝光量 lx·h/a	照度标准值lx
对光特别敏感的展品：织绣品、具有很高易变性的着色剂、国画、水彩画、水墨画、铅笔画、钢笔画、帛画、蜡画、水粉画、纸质物品、彩绘、陶（石）器、易褪色着色剂作品纺织品、染色皮革、动植物标本、胶片、照片等	展品面	≤50000	≤50
对光敏感的展品：油画、蛋清画、丙烯画、不染色皮革、银制品、牙骨角器、象牙制品、竹木制品和漆器、唱片、磁带、塑料、橡胶制品等	展品面	≤360000	≤150
对光不敏感的展品：铜铁等金属制品、石质器物、宝石玉器、陶瓷器、岩矿标本、玻璃制品、搪瓷制品、珐琅器等	展品面	不限制	≤300

可以达到5000lx呢？答案是否定的。因为文物的照明除满足表2-20中年曝光量要求外，还要满足照度标准值要求。

照明手法上，博物馆重点照明一般使用轨道射灯，只有轨道射灯才能根据博物馆的需要灵活调整灯位、替换灯具以及调整灯具的投射方向。

一般灯具的位置，如图2-70所示，照射方向与立面成30°角。

博物馆基础照明的设计原则：陈列室的环境照度和展品照度的比值为1：4～1：3，这个比例是近百年博物馆陈列工作者根据经验总结出的黄金比例，这个照度比例既能突出展品又能让参观者保持放松。这个比例不仅适用于博物馆，一般的展示空间也可以使用。

2.5.2　美术馆空间光环境

美术馆的光是为了展示书画作品，"画"即以线条、色彩描绘出来的形象，而光和影子也可以形成线条和色彩。如图2-71所示，在展会上的光装置，利用光和影也能作画。

但是这种现象在美术馆中则应尽量避免，美术馆中的灯光不仅要考虑展品的呈现效果，还必须顾及灯光是否会对观众造成干扰，比如灯光刺眼，画框投影过厚，出现重影、变形、斑驳等影响参观者对画作的欣赏。

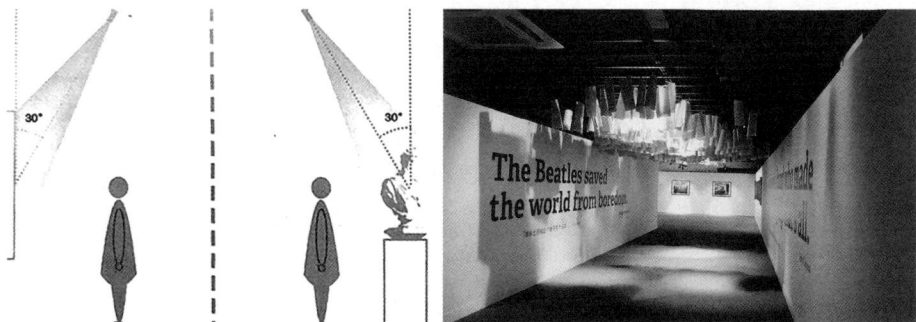

图2-70　照射方向与立面成30°角（左）
（资料来源：《照明法则》）

图2-71　展会上的光装置（右）
（资料来源：《照明法则》）

根据《建筑照明设计标准》GB/T 50034—2024，美术馆绘画展厅地面照度标准为100lx，雕塑展厅地面照度标准为150lx（表2-21）。

美术馆建筑照明标准值　　　　　　　　　　表2-21

房间或场所	参考平面及其高度	照度标准值（lx）	UGR	Uo	R_a
会议报告厅	0.75m水平面	300	22	0.6	80
休息厅	地面	150	22	0.4	80
美术品售卖区	0.75m水平面	300	19	0.6	80
公共大厅	地面	200	22	0.4	80
绘画展厅	地面	100	19	0.6	80
雕塑展厅	地面	150	19	0.6	80
藏画厅	地面	150	22	0.6	80
藏画修理	0.75m水平面	500	19	0.7	90

注：1.UGR：统一眩光值；Uo：总均匀度；R_a：一般显色指数；

　　2.绘画、雕塑展厅的照明标准值中不含展品陈列照明；

　　3.展览对光敏感要求的展品时应符合《建筑照明设计标准》GB/T 50034—2024表5.3.9-3的规定。

我们需要注意：第一，由于美术馆中一般展出现代艺术品，展品不需要特殊保护，所以不需要按照博物馆照明标准进行设计；第二，一幅画和一个雕塑对光的需求是不一样的，所以美术馆的灯具设计也要和博物馆的一样可以控制每一个灯具的光输出；第三，降低美术馆灯光的存在感只是第一步，让人感觉不到光才是最高的境界。

2.5.3　现代博物馆（美术馆）中自然光的运用

自然光对于平面展品照明而言，是特别理想的照明光线。将自然光线引入建筑内部空间，均匀而柔和地对展品进行照明的方式，称之为"自然采光"照明方式。

将自然光线利用到展品照明有很多优点：首先，利用自然光线自身优越的显色性，可以使参展者清晰地观察到展品表现面最真实的颜色和纹理外观；其次，合理运用自然光线进行照明，可以有效降低人工照明的比重，节约人工照明耗费的电能，绿色环保；再次，由于人类自身与大自然的亲近感，参展者与平面展品之间的关系可以更加自然、和谐。

印象中的黑暗博物馆环境是受限于文物的光敏感特性要求。由于现代技术基本可以做到控制自然光了，所以现代博物馆和美术馆也越来越多地引入自然光，毕竟"明亮"的参观环境更舒适，更能吸引参观者。例如，上海的龙美术馆与传统博物馆相比，在保护文物的同时引入自然光，让博物馆更加明亮、舒适，参观者之间的互动也更加方便（图2-72）。

图2-72　上海的龙美术馆采光与照明设计（左）
（资料来源：互联网）

2.5.4 现代博物馆（美术馆）中重点照明的灯具选择

展示空间的基础照明一般由间接照明、漫反射或者引入自然光等手段实现。本小节将讨论现代博物馆（美术馆）空间的重点照明如何实现。

1. 重点照明的基本要求

1）照度

不同国际组织和国家推荐的质量标准不同（表2-22）依据不同的展示类型选择不同的照度值。陈列室一般照明的地面照度均匀度不应小于0.7。对于平面展品，照度均匀度不应小于0.8；对于高度大于1.4m的展品，照度均匀度不应小于0.4。

部分国际组织和国家推荐的质量标准   表2-22

组织/国家	CIE	ICOM	美国	日本	澳大利亚	荷兰	中国
均匀度	均匀	≥0.8	≥0.8	均匀	≥0.8	均匀	≥0.8
眩光限制等级	I级	I级	I级	I级	—	I级	$UGR \leqslant 19$
光线的照射角	—	60	60	55	60	60	—
亮度比	3∶1	3∶1	3∶1	4∶1	3∶1	3∶1	3∶1
立体感	—	—	—	照度比 1/3～1/5	—	—	—
色温（K）	3300～5000	4000～6500	3300～5000	3300～5000	3300～5000	3300～5000	—
显色性	$R_a \geqslant 85$	$R_a \geqslant 90$	$R_a \geqslant 85$	$R_a \geqslant 92$	$R_a \geqslant 90$	$R_a \geqslant 85$	$R_a \geqslant 90$

2）色温

人工照明光源宜选用接近天然光色温的高温光源，并应避免光源的热辐射损害展品。

3）显色指数

博物馆使用的灯具的显色指数以100为最佳，至少也要达到90，其中R_9指数必须大于80，所有用于展示空间的灯具首先必须满足以上要求，在此基础上才能讨论，什么灯具适合用于展示空间重点照明。

2. 重点照明的基本要求光源与灯具选择（表2-23）

现代博物馆（美术馆）中重点照明使用的灯具首选是轨道射灯，因为轨道射灯的优点正是展示空间所需要的。

1）轨道射灯的优点

（1）方向调节性能最强。一般嵌入式灯具如果要调节照射角度，由于灯具结构的限制，最多能达到垂直35°调节范围，水平角度350°。如果是轨道射灯那么垂直调节最少也可以达到90°，水平角度360°，完全可以做到下半球面无死角。在展示空间中轨道射灯这种强大的灵活性是非常重要的（图2-73）。

（2）光束角改变灵活。由于结构限制小、灯具光束角丰富，更换配件即可改变光束角，且可以增加很多光学配件。不同配光的灯具都是针对不同尺寸的展品研发的，灯具的配光选择越多，在项目中用光就会越准确，展示效果越好。

典型的光源和灯具选择 表2-23

照明方式	灯具	光源	特性描述
一般照明	嵌入式	LED灯、直管荧光灯	易于更换、可调光、低亮度、大遮光角、控光良好、节能、可附设过滤装置
	表面安装		
间接照明	将光线投向顶棚，反射至垂直或水平表面，效果取决于顶棚表面形状、色彩、光泽度	LED灯带、冷阴极管、T5直管荧光灯	吊杆或悬空架设
			光学系统良好、最大光效
重点照明	轨道安装下射灯具、嵌入安装下射灯具、表面安装下射灯具	LED灯、金属卤化物灯、光纤	拆装简便、可接附件、固定装置可多样灵活、电气布线简单
展柜照明、壁柜照明、隔板照明	微型（刚性或柔性）轨道，变压器远距离安装	LED灯	灵活可调的灯具间隔
	带状灯	LED灯带、隔紫荧光灯管	易于成形，可制成所需形状，根据空间尺寸调整
	光纤照明	LED灯、卤钨灯、金属卤化物灯	远离热源，所有的电气设备在展柜外
泛光照明	嵌入/表面/轨道安装的下射灯具	LED灯、金属卤化物灯	易于更换、过滤紫外辐射、光源破损防护、抗高温棱镜、可调角度、提供可调色彩媒介和色彩修正
	灯槽（抛物线式反射器、间接式等）	LED灯带、T5/T8直管荧光灯	
效果照明	调焦式投光灯	LED灯、卤钨灯、高强度气体放电灯、特种光源	精准调焦、旋转色轮、投射影像和图式、专业维护和操作人员
	追光灯		
	显示屏		
	激光		
应急照明	疏散指示	LED灯、紧凑型荧光灯	长寿命、连续工作、可靠性、每周例行检查、正确的电压
	疏散照明		
	备用照明		

在卡塔尔博物馆里，设置了聚光、中等和泛光三种不同的光束角度，并且配合了相应的光学配件。例如，能够在墙面上形成椭圆光斑的光雕透镜，抑或是顶棚灯具上的蜂窝形格栅。此外，配件具有极高的防眩光性能，人们几乎看不到顶棚的照明痕迹（图2-74）。

2）在使用轨道系统来解决空间照明的过程中，需要注意的几个问题

（1）确认选用轨道的种类：三线轨道、四线轨道、磁吸轨道，还是柔性轨道。

（2）空间需要怎样的光环境：明亮均匀的光环境还是明暗对比强烈的光环境。

（3）空间是否需要调光系统：0～10V调光系统、DALI调光系统，还是DMX512调光系统。

（4）灯具安装在不同角度时，轨道灯具距离墙的距离不同。

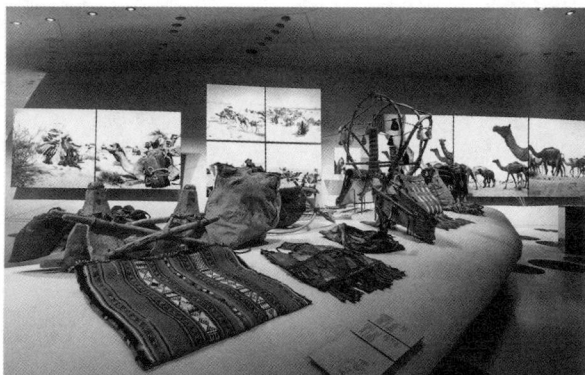

（5）预估灯具的数量避免造成电流的过载。

【思考与练习】

1. 家居空间灯光设计中需要考虑的因素有哪几个方面？

2. 商业照明的目的与作用是什么？

3. 简述客房照明设计的方法与设计要点。

4. 简述办公室空间照明常用的照明方式和方法。

5. 现代博物馆空间中常用的照明灯具有哪些种类？简述一下展示空间照明常用的照明方式和方法。

6. 为自己设计一个专属的设计工作室，并配置照明设计方案。

【实地调研】

照明设计案例实地考察与评估

一、调研目的

为了让学生更好地了解各类型室内空间照明的基本知识，掌握各类型室内空间照明的设计方法和要点，组织学生走进第二课堂，在当地选择几个比较合适的照明设计案例并组织学生进行实地考察与评估，找出其中照明设计的亮点、不妥或不完备之处，使学生熟练掌握不同场所照明设计的方法和技巧。有目的地搜集、记录、整理各类空间照明设计的相关资料，建立自己的相关资料库。

二、调研形式与要求

1. 调研形式：实地调研、实景拍摄、研讨交流等。

2. 工具与设备：数码照相机、手机、卷尺等。

3. 写出调研报告，要求图文结合。

4. 对调研成果进行汇报。

三、调研的步骤与方法

1. 选择所在城市具有代表性的 2～3 个照明设计实例并组织实地参观考察。

2. 以小组为单位，每组 2～3 人，对设计实例进行实地考察、记录、拍

照明设计案例实地考察与评估

摄照片、收集相关资料等。

3. 对收集到的资料进行整理与汇总，并写出分析与评估的调研报告。

4. 制作 PPT 文件，汇报调研成果。

四、成果展示与总结

1. 调研成果汇报。

2. 调研成果展示。

3. 工作任务评价。

评价方式为学生互评和老师点评两个环节。根据任务完成的质量，给予优、良、中、及格、不及格等级评价。

2

模块 2　室内陈设设计艺术

单元 3　室内陈设艺术概述

【教学目标】

1. 能够正确理解室内陈设设计的概念、作用；
2. 掌握室内陈设设计的历史沿革、风格特点；
3. 了解室内陈设设计的新元素和发展趋势等，在设计中灵活运用。

3.1　室内陈设设计的概念

　　室内陈设设计，是指为满足人们的生理需求和精神需求，在不改变建筑物及室内原有结构的基础上，通过对室内空间中可移动、可拆换的物品进行陈列与摆设，创造既赏心悦目、又彰显个性的室内空间环境的过程。在室内陈设设计中，要根据室内空间特点、功能需求、风格审美等，精心布置出既有较高的舒适感、又有较高艺术境界的优美环境。

　　室内陈设设计又称室内软装设计、室内装饰设计等，具体指在建筑装修完成之后，设计师对家具陈设、灯饰照明、布艺搭配、墙面壁饰、装饰摆件、绿植等所有可以移动的物品所进行的设计行为。室内陈设设计对定义整体风格、营造室内气氛、美化室内空间、调节室内色彩、改善户型缺陷及丰富空间层次等方面起着至关重要的作用。

3.2　室内陈设设计的范围及作用

3.2.1　室内陈设设计的范围

　　陈设设计作为室内设计后期完善、提升的环节，相对于"硬装修"，即室内装修固定构件不可轻易变动的特点而言，室内陈设设计也被称作"软装饰"。为了区分"硬装修"和"软装饰"，或许可以作这样的一个比喻：把房子当作模型，底朝天翻过来，掉在顶棚上的物品都属于"软装饰"的范围，仍然留在原位的基本属于"硬装修"的部分。室内陈设设计的范围可以概括为两类：功能性陈设设计、装饰性陈设设计。

　　功能性陈设设计指具有一定实用价值兼观赏性的陈设，如：家具、灯具、器皿、电器、布艺等；装饰性陈设设计是指以装饰观赏为主的陈设，如：书画、工艺品、绿化等。通过对陈设品的选择和设计（图 3-1），达到室内装饰设计的效果（图 3-2）。

　　室内陈设设计是一门研究建筑内部和外部功能效益及艺术效果的学科，表

图 3—1　陈设品

图 3—2　陈设设计效果
　　　　（左）
图 3—3　国家大剧院柱
　　　　式（右）

达一定的文化素养和思想内涵，对塑造室内环境形象、表达室内气氛、渲染空间环境起到锦上添花、画龙点睛的作用，是完整的室内设计不可缺少的内容。

3.2.2　室内陈设设计的作用

室内陈设设计在现代室内设计中的作用主要体现在以下几个方面。

1. 营造人文环境

利用室内陈设设计可以营造特定的室内人文环境，使人们感受到使用功能以外的精神内涵。不同文化的差异造成了不同的风俗习惯及喜好，比如建筑上有"东方尚木、西方尚石"之说。一些国际性的设计公司在承接世界各地的室内设计项目时，常与当地的艺术家、设计师共同完成后期的陈设艺术设计，目的是更好地营造所在地的人文环境。比如坐落于首都北京的国家大剧院，建筑外部造型体现如同太空飞船般的科幻感，但内部陈设设计拥有鲜明的中国特色，如柱子上的装饰是《千里江山图》（图 3—3），顶部采用木质装饰等。

再如迪拜的帆船酒店，由英国设计师 W.S.Atkins 设计，建在离岸边 280m 远的一个人工岛上，酒店的豪华程度令人叹为观止，特别是主题套房的陈设，依照各地不同风俗和特点进行了精心的设计（图 3—4）。

2. 定义整体风格

室内设计风格多种多样，有富丽堂皇的欧式古典风格、典雅优美的中式风格、实用简约的现代风格、清新古朴的自然风格等，陈设品的选择对室内环

图 3-4 迪拜帆船酒店
室内陈设设计

境的整体风格起着决定性的作用。现代人对空间的需求从基本的物质层面逐渐转向精神层面,更加注重室内的风格特点和氛围意境,这就要求设计师通过艺术处理,使空间引起人们的联想、给人以精神享受。如中式古典风格常选用明清家具表达典雅的文心意味,现代中式(或称新中式)风格,将传统中式风格的意境和精神进行提炼,象征性地保留,摒弃传统中式风格的繁复装饰,以线条简练的仿明式家具为主,引用一些经典的古典家具点题(图 3-5)。欧式古典风格通常选用装饰华丽的欧式家具,追求高雅的古典意蕴,特别是巴洛克、洛可可风格的陈设设计,利用多变的曲面、花样繁多的装饰和大面积的雕刻,或描金涂漆、金箔贴面等处理,达到金碧辉煌的效果,表达热情浪漫的艺术氛围(图 3-6)。

3. 丰富空间层次

建筑室内空间一般是由墙面、地面和顶面各界面围合而成的,各界面不易改变,利用家具来分割和组织空间更容易和灵活些,通过家具的布置,可以

图 3-5 中式风格

图 3-6　欧式风格(左)

图 3-7　酒店大堂休息区 (右)

形成不同功能或性质的区域，组织人流动线，使空间的功能更趋向合理。同时，家具分割空间能够丰富空间的层次感，比如，在酒店的大堂可以用组合桌椅分割出休息区 (图 3-7)，利用餐桌椅和吧台等分割出茶水区 (图 3-8)，利用艺术品限定出展示区。陈设设计不仅能够充分地利用空间，还可以增加空间的层次感和流动性。

4. 调节色彩关系

现代建筑大多采用钢筋混凝土、玻璃、石材等材质，坚硬的线条、冷峻的色彩给我们带来的是略显冰冷、沉闷的室内空间感受。通过室内陈设物品的选择和布置，不仅可以缓和空间的生硬感，还能形成良好的色彩关系，进而营造优美的空间环境。如某室内设计案例中，通过陈设品色彩的设计，形成相互呼应又和谐的色彩关系 (图 3-9)。

色彩丰富的家具不仅可以调节室内色彩关系，还可以增添空间的活力，

图 3-8　利用桌椅分割出茶水区

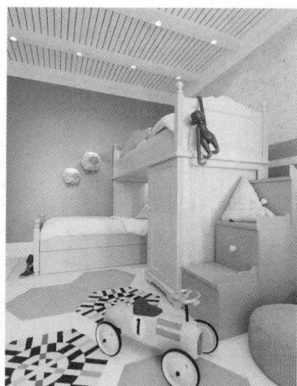

图 3-9 色彩关系（左）
图 3-10 浅色调色彩（右）

而色彩可以通过视觉影响人的生理和心理感受，是室内设计的灵魂，如浅色调的设计富有朝气（图 3-10）、深色调的设计庄重大方（图 3-11）、灰色调的设计典雅温和、多彩组合的设计则生动活泼（图 3-12）。室内陈设设计作品的优秀与否，一定程度上取决于室内界面、家具陈设品的色彩选择和搭配。

5．弘扬空间主题

年龄、性别、民族、生活习惯、教育背景等，都是影响个人审美的因素，对于美的感受因人而异。室内设计中陈设品的选择与布置，能反映出不同的空间内涵与个性特点，也是人们表现自我的一种途径。许多室内空间具有强烈的个性，其中陈设设计是关键因素，个人审美、认知、情感等都可以通过具体的陈设品来体现。在公共空间设计中，许多主题性的设计都是通过陈设设计来实现的，比如位于纽约第五大道的某品牌专卖店，有鲜明的草间弥生风格（图 3-13）。在家装的陈设设计中，设计师通过对业主喜好的了解，陈列其收

室内陈设物品的色彩关系

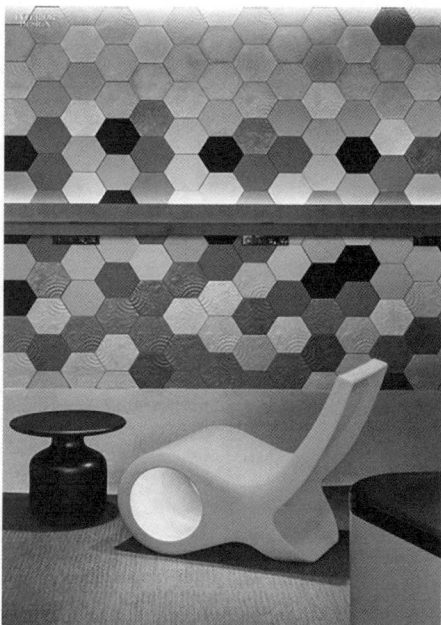

图 3-11 深色调色彩（左）
图 3-12 多彩组合（右）

藏品，或具有纪念意义的物品等，展现个性和主题。陈设设计更能体现一个设计师的职业特征、修养与品位。

图 3-13　某品牌专卖店

　　总之，陈设设计是室内设计的重要组成部分，作为设计师，要充分认识到陈设艺术的作用，吸取陈设元素的精华，提炼陈设功能的独特风格内涵，才能设计出优秀的陈设作品。

3.3　室内陈设设计的历史沿革

3.3.1　国外室内陈设设计的发展历史

　　1. 古埃及时期

　　装饰风格简约、雄浑，古老而凝重，以石材为主，运用传统的柱式和象形文字，室内陈设一般为简洁轻便的家具、独特风格的壁画、精美的雕刻艺术品等（图 3-14、图 3-15）。

　　2. 古希腊时期

　　明媚、典雅是这个时期的经典风格，常见的室内陈设品有雕塑、陶瓶、竖琴、精致的花环和桂冠等，配以古朴简洁的实木家具。古希腊风格的典型柱

图 3-14　古埃及家具
　　　　　（左）
图 3-15　古埃及壁画
　　　　　（右）

图 3—16　古希腊陶瓶

式：多立克、爱奥尼、科林斯，也是西方古典室内装饰设计特色的基本组成部分（图 3—16）。

3. 古罗马时期

以豪华、壮丽为特色，家具常采用战马、花环等与战争题材有关的装饰图案，壁画绚丽丰富。古罗马风格柱式曾风靡一时，其中，券与柱结合的券柱式是古罗马人的创造，成为西方古典风格室内装饰鲜明的特征。

4. 中世纪时期

主要有两种风格：拜占庭式、哥特式。拜占庭式室内陈设融合古希腊自由典雅的风格，吸收东方宫殿的华丽特色，家具追求奢华，运用雕刻、镶嵌的手法，室内陈设采用色彩斑斓的陶瓷锦砖、纺织品等（图 3—17）。哥特式室内陈设主要是受哥特式建筑的影响，室内陈设大多以尖券、束柱、浅浮雕、基督教题材的绘画等元素装饰，窗饰采用彩色玻璃镶嵌，装饰纹样以具有基督教象征意义的、华丽精致的火焰形窗花格纹、藤蔓植物为主（图 3—18）。

图 3—17　拜占庭式——
　　　　圣索菲亚大教堂室内
　　　　（左）
图 3—18　哥 特 式——
　　　　圣斯蒂芬大教堂室内
　　　　（右）

图 3-19　文艺复兴风格陈列柜（左）

图 3-20　文艺复兴风格餐桌椅（中）

图 3-21　文艺复兴风格烛台和座钟（右）

5. 文艺复兴时期

文艺复兴具有浓厚的人文主义色彩，以古希腊、古罗马为基础，创造出既有古希腊典雅优美，又兼具古罗马豪华壮丽的一种风格。室内陈设以人为本、强调艺术与使用功能的结合，多选用精美的胡桃木家具（图 3-19、图 3-20）、装饰华丽的长镜、雕刻的吊灯和烛台（图 3-21）等，注重舒适，形成实用、和谐、明朗、精致的风格特点。

6. 巴洛克时期

追求繁复华丽、气势宏大、富有表现力和动感的艺术境界，巴洛克趋向于浪漫主义，强调建筑绘画与雕塑以及室内环境的综合性，突出夸张、浪漫、非理性和幻想的特点（图 3-22）。巴洛克时期的室内陈设综合了雕塑、绘画、工艺品和织物等，运用曲线与曲面形成动势，强调层次和深度。

7. 洛可可时期

室内陈设的总体特征是华丽、纤巧，精致而细腻，室内装饰造型采用动植物元素，频繁使用多变的"C""S"形或漩涡形曲线；常用大理石、壁灯、瓷器等作为装饰；大量运用花环、植物及贝壳等作为装饰图案；色彩以象牙白为基调，用金色涂饰或贴金，辅以天蓝、嫩绿等；墙面饰以线脚复杂的装饰板，墙面和顶棚常以弧面相连，创造出轻松、柔美、明朗的空间环境（图 3-23）。

8. 近现代

19 世纪中叶以后，工业革命带来生产技术的进步，新材料以及新工艺不断产生，工艺美术运动、新艺术运动、荷兰风格派、包豪斯学派等一系列创新

图 3-22　巴洛克美泉宫（左）

图 3-23　洛可可风格教堂内部（右）

运动接连涌现，室内陈设设计在功能和经济、适应工业化等方面开拓创新。

工艺美术运动风格的室内陈设反对工业化和过度装饰，主张回归自然，对中世纪哥特式风格情有独钟，"红屋"是这一风格的典型代表。"红屋"是威廉·莫里斯结婚时的新房，他邀请菲利普·韦伯合作设计了这所住宅，建筑材料采用的红色砖瓦，本身就具有装饰作用，在空间设计上注重功能性，采用非对称式布局。由于找不到满意的陈设品，莫里斯设计了墙纸、地毯、家具和灯具等，采用大量的卷草纹、花卉等图案（图3-24），风格朴实简洁、注重功能性，在装饰上推崇自然主义。

国外近现代室内陈设风格展示

图3-24　壁纸花纹（威廉·莫里斯设计）

新艺术运动主张摆脱工业化生产对艺术的束缚，主张艺术与技术的大工业相结合，摒弃传统装饰风格，力图创造出能适应工业时代精神的简化装饰。使用铁艺、玻璃和陶瓷锦砖，反对采用直线，以弯曲的植物形态作为室内陈设与家具设计的元素。新艺术运动风格的家具陈设品融合动植物的有机形态，以流动的曲线、弯曲的造型为主要装饰特征（图3-25）。

荷兰风格派主张以几何形、垂直面去塑造形象，色彩多采用红黄蓝，把机械设计引入家具设计中，既考虑到美学上的设计，又考虑了机械制造的需求，使家具的大批量生产成为可能。代表作品是格里特·托马斯·里特维尔德设计的施罗德住宅和"红蓝椅"（图3-26），里特维尔德采用简单的几何形式和色彩，将二维平面转化为三维空间。"红蓝椅"用一目了然的简单的结构、纯粹的色块装饰和标准化的构件，形成了一种理性的结构概念，是现代设计史上重要的作品。

包豪斯是德国建筑设计学院的名称，是现代设计的摇篮，包豪斯设计思想主张一切从功能出发，讲究形式、材料与工艺的统一，注重发挥技术和结构本身的形式美。1925年，马歇尔·布劳耶设计并制作出家喻户晓的"瓦西里椅"，该椅因第一次应用新材料弯曲钢管而名垂史册（图3-27），"瓦西里椅"后来由世界上的许多厂家生产过，至今仍以各种变体形式制作着。包豪斯是现代主义运动的里程碑，对现代设计的发展和现代设计教育体系的确立有着深远的影响。

图 3-25　新艺术运动风
　　　格家具

图 3-26　"红蓝椅"

图 3-27　"瓦西里椅"

9. 21 世纪

现代设计不断创新，新的理论、新的风格层出不穷，建筑装饰和室内陈设表现出多元化发展的趋势。现代主义注重功能、简约的空间设计与装饰艺术手法有机结合，讲究人体工程学，利用简洁轻巧的造型、自然优美的材质，在视觉和触觉上给人一种自然、舒适的亲切感（图3—28）。

图 3—28 现代室内陈设

3.3.2 中国传统室内陈设设计的发展历史

1. 距今 8000 多年前

考古发现，中国的陈设艺术可追溯到旧石器时代晚期，从旧石器时代晚期到距今 8000 多年前的仰韶文化时期，这一时期的生产工具以磨制石器为主，制陶业较发达，人们掌握了选用陶土、造型、装饰等工序，陶器造型优美（图 3—29），是中国最早的陈设艺术品。发展到距今 7000 — 6000 年的新石器时代马家浜文化时期，人们开始使用玉石作为装饰陈设品（图 3—30）。

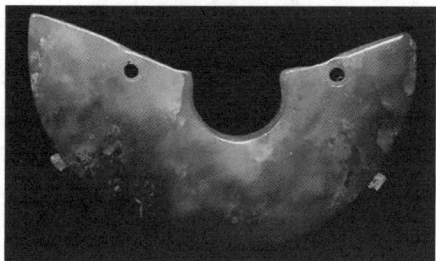

图 3—29 仰韶彩陶(左)
图 3—30 马家浜玉石
　　　　(右)

2. 夏商周时期

这一时期青铜工艺高度发展，精美的造型反映了当时青铜铸造的高超技艺，作为祭祀礼器的青铜器也成为陈设艺术品的一部分（图 3—31）。

3. 秦汉时期

这一时期漆器工艺发展到高峰，漆器的装饰花纹以云纹、动物纹为主，线条灵动流畅（图 3—32），装饰手法有金银箔贴花、雕刻，外观大气华美，是可以满足精神需求的陈设艺术品。

4. 隋唐五代时期

隋唐时期，经济繁荣发展，陈设艺术发展到新的高度，形成了富丽华美的风格。人们在生活中由席地而坐改为垂足而坐，这个变化使家具陈设品种和样式更加多样化，唐代绘画作品中雕花圈椅、月牙凳等频频出现（图 3—33），装饰花鸟植物纹样，摆脱了以往的古拙，呈现出华美润妍、丰满端庄的气派。唐代对外交流频繁，受中亚文化影响，陈设品的装饰纹样趋于写实。

图 3-31　青铜器

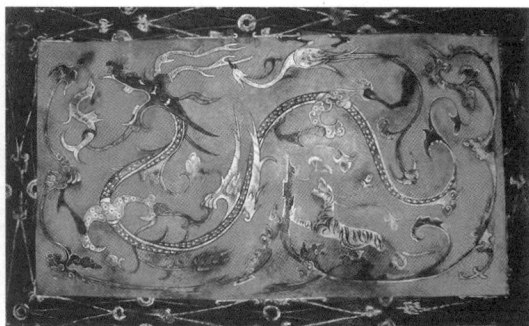

图 3-32　汉代四神云气图

图 3-33　韩熙载夜宴图

5. 两宋时期

手工业与家具进一步发展，从现存的绘画作品来看，宋代家具多是质朴简洁的造型，仅以朴素的线面在局部进行装饰。宋代文人士大夫的审美意趣促进了陈设艺术的发展，精美的雕塑、花瓶，书案上的笔墨纸砚、香炉等无不体现着文人的雅趣，是室内装饰主要的陈设品。

6. 明清时期

明代陈设品造型精美，民间工艺美术广泛发展，漆饰家具和硬木家具品种多样，家具结构严谨、线条流畅、比例协调，注重实用性和舒适性，色调沉静、简洁，具有质朴、典雅的气息（图 3-34、图 3-35）。清代陈设艺术品

图 3-34　明式官帽椅
　　　　（左）
图 3-35　明式圈椅
　　　　（中、右）

图 3-36 　清夔龙纹花几
图 3-37 　清五足花台

绚丽豪华、装饰烦琐。清代家具沿袭了明代家具的一些特点，造型庄重，但装饰手法更加多样，雕琢繁缛细腻，主要有木雕、漆饰和镶嵌等装饰手法（图 3-36、图 3-37）。清代陈设品综合应用各种装饰手法，形成了雍容华贵、富丽堂皇的独特艺术风格。

纵观中国传统室内陈设设计的发展历史，在不同时期具有不同的特色，随着时间的推移，不断地探索和完善，无论是华美润妍、丰满端庄的唐代陈设，还是优雅清秀的明代家具与陈设，都是"人文思想"的体现，表达丰富的文化内涵，形成成熟的、具有鲜明特色的东方体系。

3.3.3　中国近现代室内陈设设计

19 世纪后半叶，外商在我国沿海区域的通商口岸兴办工厂，中国近代家具和室内陈设在外国技艺和材料的冲击下，工艺、品种和造型等都产生了重大的变革。

20 世纪初，国内手工作坊和木器工厂盛行，出现了"西式中做"的现象。这一时期的室内陈设主要有这几种形式：一是传承中国传统的陈设方式，采用对称式布局，运用传统的陈设品进行装饰；二是受西方的影响，出现中西合璧、多样统一的陈设形式，中式传统的布局方式没有改变，仅在陈设和装饰上加入了欧美的设计元素；三是大部分城市的建筑和民居依然延续当地的室内陈设设计风格，如北京四合院、福建土楼、西北窑洞等，反映当地的自然特征和人文内涵。

20 世纪中叶，我国室内陈设设计发展缓慢、缺乏创新，直到改革开放以后，这种局面才逐渐被打破，室内陈设设计取得了突破性的进步，特别是板式家具的兴起，迎合了人们对现代家具简洁、实用的审美追求。

随着市场经济的发展，人们对室内陈设设计有了更高层次的审美需求，越来越注重空间意境与氛围的营造，陈设设计不仅要满足使用功能的需求，还要体现个人品位和弘扬主题，在表现形式上也呈现多元化的特点。

中国近现代室内陈设设计从传承、模仿到创新，呈现出勃勃生机。中国陈设设计根植于中华民族悠久的历史文化中，融合现代生活方式，从材质、形式和色彩等方面再创作，形成具有民族特色和文化内涵的陈设设计体系，经过一代又一代设计师的努力，将会在国际设计舞台上绽放奇光异彩。

3.4 室内陈设艺术的风格与特点

风格指的是一定时期社会元素在哲学、建筑、艺术等领域中具有的个性化特征，风格是具有代表性的整体格调和独特的精神风貌，在室内陈设艺术中往往通过造型语言来体现。

室内陈设艺术的风格首先受建筑的影响，建筑风格通常会引导室内陈设样式的走向，历史上不同时期的建筑风格，通常伴有相应的室内陈设艺术设计。

除建筑风格的影响外，地域文化对陈设的影响也很大，陈设品的形态、材料、工艺、摆放方式等，一般会反映一个地方的文化特征。比如，我们在表述"地中海风格""北欧风格""中式风格"时，说的正是地域文化在建筑、室内和陈设上的显现。

从时间的角度来看，不同时期的社会、经济、物质发展水平的变化导致社会审美的变化，进而影响到衣食住行的各个方面，因此，室内陈设艺术具有很强的时代性。在人类漫长的生产生活历程中，审美的形式和特征一直在变化，室内陈设艺术会表现所处时代的精神文化风貌。比如，同样是中国古代，秦汉、唐宋、明清都有着各自不同的风格特点。

室内陈设艺术的风格与室内设计的风格关系密切，目前，常见的室内陈设艺术的风格大体分为传统风格、现代风格和混搭式风格。

3.4.1 传统风格

传统风格也被称作古典风格。传统风格的室内陈设艺术设计，主要体现在家具的选择、室内的布置和陈设品的造型与色彩的搭配等方面，陈设设计要素延续历史和地域的民族文化特点，吸取传统装饰的"形""神"特征，用室内陈设品来增强历史感，烘托古典的氛围，凸显民族文化的特色。主要风格包括中式古典风格、欧式古典风格、伊斯兰风格、日式传统风格等。

室内陈设传统风格展示

1. 中式古典风格

中式古典风格是以宫廷建筑为代表的中国古典建筑的室内设计艺术风格，装饰材料以木质为主，细节上讲究雕刻和彩绘，造型典雅且变化丰富，具有气势恢宏、庄重华贵、金碧辉煌的特点，造型讲究对称，图案多为龙、凤、龟、狮等瑞兽，精雕细琢、瑰丽奇巧，充分体现了中国特有的美学精神，配合传统的家具、字画、瓷器、古玩及绿化盆景等元素的协调运用，营造出清丽雅致、古色古香的室内氛围。我国自古因南北气候及民族特性等差异，导致室内陈设风格丰富多彩，例如明清江南风格：在空间布局上主要讲究室内对称；墙面

图 3-38 中式古典风
格（左）
图 3-39 欧式古典风
格（右）

上的装饰多使用国画、书法、对联等；台面一般配有陶瓷、漆器、工艺装饰品；室内家具则多是明清时期的风格及当代的实木家具（图 3-38）。

2. 欧式古典风格

欧式古典风格一般是指使用欧美古典家具和陈设品来设计室内装饰的风格。这种风格起源于 16—17 世纪的文艺复兴运动，在 17—18 世纪发展为"巴洛克风格""洛可可风格"。特点是分外强调装饰的华丽、色彩的浓烈、造型的繁复，以富丽堂皇、耀眼夺目的设计效果来凸显房屋主人的尊贵身份和庞大财富。欧式装饰造型丰富，顶棚和墙面装饰华丽，多使用绘画、雕塑、玻璃、镜子等组合配置，装饰用织物的用料、色彩和造型也非常考究，室内灯光则多用水晶玻璃吊灯等，进一步加深富丽堂皇的装修风格，这些要素相辅相成，共同营造出理想的氛围（图 3-39）。

3. 伊斯兰风格

伊斯兰风格属于东西合璧，吸收了东西方不同的元素，形成自己独特的风格。室内装饰的用色极为艳丽明快，互补色、对比色的运用很常见，装饰性物品则使用了很多彩色玻璃面砖镶嵌画与粉画，在玄关与隔断上尤其常见。伊斯兰风格最大的特征之一就是大量使用拱券结构，这种结构具有非常强的装饰性，式样丰富、造型华丽，如双圆心尖券、马蹄形券、火焰式券和花瓣形券等。另一特征则是大量使用大面积的表面图案装饰，如外墙面常见的花式砌筑、平浮雕式彩绘与琉璃砖造型。具体到室内的陈设设计，常用大面积的石膏浮雕作装饰，多为深蓝与浅蓝色，辅以华贵织物如地毯和挂毯，纹饰大多使用花卉与几何图案，如蔷薇、风信子、郁金香、菖蒲等，整体风格华丽明艳、舒适悠闲（图 3-40）。

4. 日式传统风格

日式传统风格又称和式风格（或日本传统式样），具有淡雅柔和、舒适简洁等特点。风格的形成，源于日本传统的高基架木结构建筑，室内空间造型简洁朴实，在榻榻米的地面上放置矮茶几和蒲团，悬挂灯笼或木方格灯罩的灯

图 3-40　伊斯兰风格

具，由纸糊的日式移门分割空间。陈设设计元素主要由日式矮桌、草席地毯、布艺坐垫、江户风铃、日式鲤鱼旗子等组成。墙面上使用木质构件作方格几何形状，与细方格木移门相呼应，装饰画和插花均有定式，一般不加烦琐的装饰，营造淡雅、简朴、舒适的环境。此外，日式风格多采用借景的手法，借用室外景色为室内带来生机（图 3-41）。

图 3-41　日式传统风格

3.4.2　现代风格

20 世纪 30 年代密斯·凡·德·罗提出了"少即是多"的现代室内陈设理念，此后慢慢演变为了现代简约风格。现代简约风格的特性即是在保证设计水准的基础上尽力凸显功能性，所有的设计与陈设简练而精致，剔除繁复与庞杂，常用非对称的布置与表现，减少彩色系物品的使用，多采用黑白灰等纯色系物品，装饰性图案同样简洁大方，多由曲线和线条组成。现代简约风格充分吸收了现代抽象艺术的核心理念与成果，创造出了别出机杼而又简约实用的装饰风格，展现了清新怡人、贴近生活的整体氛围。

这种风格与简单粗暴的工业化风格最大的区别就是，并非将机器与工厂

室内陈设现代风格展示

量产的简约风家具、灯具等室内用品摆在一起就是现代简约风了，它蕴含了自身独特的艺术思辨，呈现出了独有的艺术特征，在追求功能性和实用性的基础上，强调"少即是多"的指导思想，致力于表现空间的抽象性，以留白来呈现空间的内涵；点线面相结合，充分运用现代造型理念，用抽象的手法提炼出室内空间的设计性。现代简约风格主要包括北欧风格、田园风格、地中海风格、新中式风格等，我们下面分别作详细介绍。

1. 北欧风格

北欧风格是指欧洲北部国家如挪威、瑞典、芬兰、丹麦及冰岛等国的艺术设计风格，起源于斯堪的纳维亚地区，20世纪中期开始在世界各地得到广泛发展。北欧风格以浅淡、干净的色彩为主，室内的各界面（顶、墙、地面）设计，只用线条、色块来区分点缀，不用多余的纹样和图案进行装饰。室内陈设设计多使用不加雕花、纹饰的北欧家具，家具多为枫木、橡木、松木和白桦等木材，这些木材本身具有柔和的色彩、天然的纹理，因此在设计中尽量保留了原木的质感，达到简洁、贴近自然的效果。北欧风格注重从人体工程学角度进行考量和设计，强调舒适性和实用性，力求形式和功能的统一，整体展现出一种朴素、清新的原始之美（图3—42）。

2. 田园风格

田园风格的出现与流行是跟当今自然环境、社会的发展相统一的，随着城市人口不断增加、个人生活空间逐步缩小、环境状况持续恶化，在国外一些发达的大城市中，每逢周末，人们更愿意去郊区亲近自然、享受清新环境带来的身心愉悦，这种倾向使得城市居民期望在自己的日常生活中也能感受到乡间安详、恬静的生活氛围，欣赏到舒适自然的田园风光，田园风格应运而生。不同地区有不同的田园风情，自然产生了不同的风格。

（1）欧式田园风格：欧式田园风格以法式浪漫设计风格为代表，其设计风格特点体现在一点一滴的家居布置中，家具色彩以白色为主，造型上喜欢用弧线和S线，采用细腻柔和的不对称手法，用贝壳、旋涡纹装饰，室内墙面爱用嫩绿、粉红、玫瑰红等浅色调，线脚大多用金色，呈现出非常温馨平和的田园生活风格（图3—43）。

图3—42　北欧风格(左)
图3—43　欧式田园风格　（右）

（2）自然田园风格：自然田园风格以东南亚风格为代表，倡导回归自然，推崇"自然美"，认为只有结合自然，人们才能在当今快节奏的社会生活中，保持生理和心理上的平衡。室内多用木材、织物、石材等天然材料，凸显材料的质感和纹理，营造清新淡雅的氛围。自然田园风格力求表现悠闲、自然、舒适的生活情趣，所用的材料多直接取自大自然，木材、藤、竹等材料是室内陈设的首选，利用枝叶宽大的热带作物巧妙设置室内绿化，创造自然、简朴、高雅的氛围（图3-44）。

图3-44 自然田园风格

（3）美式田园风格：美式田园风格以美式乡村风格为代表，注重简洁随性、崇尚自由，表现出悠闲、舒适的感觉。利用绿植、木质或镂空的装饰，烘托典雅、舒适的氛围。木制家具多保留木材本身的天然纹路，窗帘面料缀以花朵、条纹或直接使用纯净的白纱，款式简洁、自然清新（图3-45）。

3. 地中海风格

地中海风格善于运用光线，具有独特的美学特点，颜色明亮、大胆。运用简约的家具、质朴天然的原木、款式简单的窗帘，利用白灰泥墙、连续的拱廊与拱门、陶砖、海蓝色的屋瓦和门窗等设计元素，力图在陈设设计中体现蓝天、白云、纯净沙滩的氛围。造型中多采用曲线、曲面设计，线条柔和，使用高饱和度的自然色彩，运用木制品、手工艺品、布艺等组合搭配，显得大方、自然（图3-46）。

图3-45 美式田园风格（左）
图3-46 地中海风格（右）

图 3-47　新中式风格

4.新中式风格

新中式风格是指主要选用中式古典风格家具和装饰品来布置室内空间的设计风格。虽然生活模式依然是现代的，但家具的形态、色彩和摆放的位置却都遵循中国传统文化的特点，同时辅以极具传统特色的青砖、白墙等界面装修的形式，在当代社会重现传统文化的审美风格。

新中式风格并非单纯的元素堆砌，而是通过对传统文化的解读与分析，将现代元素和传统元素有机结合在一起，以现代人的审美标准来重现蕴含传统韵味的事物，使传统艺术在当今社会得到发扬光大。随着众多现代主义流派的影响日益巨大，国内出现了一股复古风，这种现代文化所追捧的复古的室内陈设形式，在如今重新成为时尚与风潮（图 3-47）。

3.4.3　混搭式风格

混搭式风格室内陈设设计，将古今文化内涵与东西方美学元素结合起来，把不同地域、不同时期风格的陈设品放在一起，形成多元文化、不同生活方式互相交融的局面，塑造出令人耳目一新的环境氛围。

室内陈设混搭式风格展示

多种风格的"混搭"切忌把各种元素简单地糅合在一起，而是需要有主次地组合，混搭的设计成败关键在于是否和谐。无论是"传统与现代"的混搭，还是"中西合璧"的混搭，都应该选择一种风格为主，在色彩、形态、材质等方面用工艺品、织物等来搭配。比如，东方传统的家具搭配欧式古典灯具，再以伊斯兰风格的陶艺进行点缀，也能达到协调的效果，总之，设计手法不拘一格，设计师应深入推敲造型、色彩、材质肌理等方面的总体效果（图 3-48）。

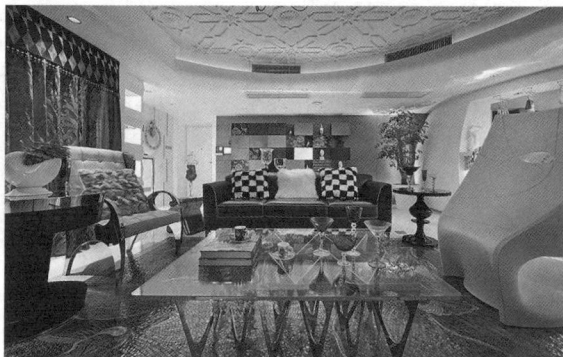

图 3-48　混搭式风格

3.5 室内陈设设计的新元素和发展趋势

现代室内陈设设计随着人类社会文明的进程不断发展，随着社会审美的变化而变化，现代装饰材料推动着陈设设计的前行。如今，人们对室内陈设设计从追求形式美感转向注重空间意境的营造、文化内涵的体现等，在表现形式上呈现多元化的特点。未来，室内陈设设计的发展趋势将呈现智能化和模块化等特点。

3.5.1 智能化

人工智能最初在 1956 年的美国产生，迅速地渗透到设计的各个领域。随着智能化建筑的出现，涌现出了一系列的智能化家居，它们体现出的科技性和创新性，更能够适应现代社会的发展节奏，必然会成为陈设设计发展的新趋势。

3.5.2 模块化

模块化是指从系统的观点出发，研究系统的构成形式，建立不同的模块体系，运用模块组合产品。具体而言，是以功能为依据对家具和陈设进行系统划分，根据不同功能进行模块化设计，使室内陈设整体化、功能化、系统化，使人们的生活更加高效和便捷。

3.5.3 生态化

室内陈设设计的生态化，是指在设计和制作的过程中充分考虑陈设品的生态标准，不仅是设计产品符合规定的指标，而且材料的选择、结构的设计以及生产、使用等各个环节都不会损害人体健康，把对生态环境的损耗降到最低。要达到室内陈设设计的生态化，可以选择生态绿色的环保材料，在陈设设计上选择一些绿色植物进行陈设装饰，营造自然清新的健康环境。

3.6 室内陈设设计师

3.6.1 陈设设计师职业要求

1. 国内陈设设计师职业要求

根据中国室内装饰协会于 2013 年 1 月发布的《全国陈设艺术设计师资格评定暂行办法》中有关陈设设计师的评定条款，列出了陈设设计师的职责、知识与能力。

按照《全国陈设艺术设计师资格评定暂行办法》第五条的要求，陈设艺术设计师（即本书中陈设设计师）的主要工作内容为：进行空间环境陈设艺术整体形象设计；进行空间环境陈设品选配、布置与安装设计；进行与陈设艺术相关的安装结构、配套设备等配套设计；对陈设艺术施工、安装进行指导检查。第六条详细说明了陈设艺术设计师应具备的知识与能力：广博的艺术、文学、历史、社会学、科学知识；与陈设艺术设计实施相关的材料、结构和配套设备的技术知识；良好的艺术修养及对各类艺术品的鉴赏能力；对陈设艺术各环节复杂细节的把握与协调能力。

中国建筑装饰协会也有关于陈设艺术设计师技术岗位能力的考核评价办法，对陈设艺术设计师的岗位职责、工作内容、知识能力、技术能力等进行了界定。陈设艺术设计师是指能够根据室内空间特定的性质，对使用功能和文化风格进行定位，对室内空间中家具、灯具、织物、电器、工艺品、绿化等陈设品进行选择和整合设计，达到陈设艺术与室内装修和谐统一、陈设品之间和谐统一的总体关系的专业技术人才。陈设艺术设计师负责营造功能上、文化艺术上高品质的富有创意的室内环境。

2. 国外陈设设计师职业要求

国外陈设设计师又被称为配饰设计师，配饰服务尤其盛行于欧美国家。配饰设计师为追求家居个性品位、完美细节品质的客户提供设计服务，负责家具、灯具、织物等家具配饰和艺术品、收藏品的搭配、采买和陈列。因此，配饰设计师本人需要具备深厚的艺术修养、敏锐的眼光、独特的设计思维，还要对时尚潮流、装饰材料等有所了解。除此之外，当今的设计理念也应体现在设计师的工作之中，如绿色环保和可持续发展等。

3.6.2 陈设设计师职业评定

1. 职业教育

从事陈设设计的人员可以分为两类，一类是受过正规的高等学校教育的从业人员，主要是指由室内设计、室内装饰设计、室内艺术设计、环境艺术设计、建筑设计、家具设计、建筑装饰设计、展示设计和其他艺术设计等专业毕业的人员，也有从艺术和文学相关专业毕业转向陈设设计行业的。随着陈设软装行业的市场需求上升，社会一些培训机构开办的短期培训班，也以科目培训的方式培训陈设设计从业人员，这些学员中有些是没有高等学校教育经历的，也有一部分学员具有环境设计或艺术设计相关的专业背景，这在一定程度上反映了专业的陈设设计课程在高等院校学历教育中还比较薄弱，据了解国内已有学校作为试点开设了陈设设计专业方向。

2. 资格认定

陈设设计方面的全国性专业机构主要有：中国室内装饰协会陈设艺术专业委员会、中国建筑装饰协会、中国建筑学会室内设计分会等。这些专业机构会组织与陈设设计相关的学术活动，而且中国室内装饰协会和中国建筑装饰协会可以根据对设计师相关条件的审核颁发陈设艺术设计师等级证书。《全国陈设艺术设计师资格评定暂行办法》中关于陈设设计师等级的评定，明确规定了学历、工作经历、工作业绩等条件。目前，陈设（软装）设计在我国并没有行业门槛，通过机构鉴定取得证书，只是证明自己职业能力的一种途径。

3.6.3 陈设设计师职业前景

1. 市场需求

伴随着城镇化的发展，基础设施建设的不断完善，室内陈设设计的市场需求越来越大。即使未来房地产市场饱和，但随着人们精神需求的提高，室内陈设（软装）设计依然具有广阔的发展前景，这是建筑装饰和室内设计由"重装修"转为"重装饰"的必然结果。

2. 技术手段

陈设设计的表现方法日益便捷，新软件的出现使得陈设设计的表达如虎添翼，给设计师工作效率的提高提供了便捷的条件。有一些软件可以把现场拍摄的场景与电脑储存的图库资料结合，产生新的合成效果，极大地提升了与客户交流沟通时的效率与便捷度。还有一些软件则能为我们提供物品清单功能，选择符合需求的商品属性后，即可自动生成清单，极其方便。

3. 素质要求

随着社会经济的发展，人的文化修养普遍提高，对朝夕相处的室内环境的要求随之提升。这要求设计师们不能单纯地依靠自身的基本审美来表达设计理念，而应当全面提升综合素质，吸收历史、宗教、人文艺术，提炼它们的文化内涵，融入进自己的设计中，为人们提供多元的、独特的、能满足人们心理需求的作品。毫无疑问，陈设设计是应该并且能够成为沟通室内环境与人类内心情感的桥梁与手段的。

【思考与练习】

1. 如何看待陈设设计在室内设计中的位置及作用？
2. 用案例说明陈设设计成为独立行业的发展前景会如何？

单元4　室内陈设设计分类和设计方法

【教学目标】

1. 了解室内陈设设计的分类；

2. 掌握陈设设计的流程与方法，能够运用设计方法进行合理的陈设设计搭配；

3. 熟悉并掌握陈设设计的方案表达形式。

4.1　室内陈设设计的分类

4.1.1　按空间特性分类

室内陈设设计的内容与形式取决于不同空间的性质。认识和理解各个空间的"场所精神"，是室内陈设设计成功的前提条件。按照空间特性分类，室内陈设设计主要可分为以下几种空间：居家（住宅）空间、公共空间、商业空间、餐饮空间、办公空间、娱乐空间等。

1. 居家（住宅）空间陈设

在居家（住宅）空间中，室内陈设能够体现曾经的生活痕迹或对未来的展望。居家陈设是自然而丰富的，它充分体现主人的个性、品位或理想，无论是大型别墅，还是普通住宅，都需要进行陈设。有人把陈设与收藏联系起来，这也正是居家陈设的特点所在。居家陈设涉及玄关、客厅、走廊、起居室、餐厅、卧室、书房、卫生间、厨房和储藏室等空间，无论居家面积大小，陈设设计都很重要。

居家空间的陈设设计以家具、织物、灯具及装饰品为主，陈设风格应与室内装修风格统一。一般来说，客厅属于家庭公共区域，在陈设设计时应综合考虑家人的审美和需求，营造轻松、亲切的气氛（图4-1）。餐厅可采用暖色调的陈设品装饰，调动人们的食欲，营造温馨的就餐氛围（图4-2）。卧室是相对私密的空间，在风格统一的基础上，可以根据使用者的特点和爱好进行陈设设计，如，儿童房可以选择色彩丰富、形式活泼的陈设品（图4-3、图4-4），老人房的色彩通常比较沉稳，家具的选择要符合老年人的使用特点（图4-5）。

图4-1　客厅陈设

随着社会的发展，人们对于居住环境的要求也在提高，对于易于更换的陈设品，如窗帘、地毯、装饰品等，可以根据不同的季节、个人喜好或潮流进行更换和搭配，营造多变的居住空间。居住空间的陈设是最能体现居住者个人审美与品位的，在设计中应注重舒适性和个性化。

2. 公共空间陈设

公共空间一般指社会成员自由进入、不受约束地进行正常活动的场所，如会展中心、艺术馆、酒店大堂、影剧院等。

公共空间可能是公共服务性的，也可能是商业性的，在一些规模较大的公共空间，通常布置艺术品为重点陈设，如大型雕塑、绘画、艺术装置、壁挂或壁画等具有代表性的艺术品，给人带来强有力的视觉冲击，形成整个空间的视觉中心，这一类陈设品在题材的选择上要与环境内涵一致，艺术形式要独特。公共空间的陈设不宜过于复杂繁缛，要讲究气势，简洁大气（图4-6）。

3. 商业空间陈设

商业空间的陈设主要是指大型商场、超市、专卖店及不同商品类别的门店等购物环境的设计，这些空间的主要功能是满足消费者需求、实现商品流通。因此，商业空间的陈设，主要以商品的展示为主题，通过陈设设计及不同的展示方式，吸引顾客眼球，引导顾客消费。

图4-2 餐厅陈设
（上左）
图4-3 女孩房陈设
（上右）
图4-4 男孩房陈设
（下左）
图4-5 老人房陈设
（下右）

居家（住宅）空间陈设和
公共空间陈设

图4-6　公共空间陈设

商业空间的陈设更多的是商品陈列，着重于人的视觉感受，运用各种道具，结合品牌文化及商品定位，运用各种陈设技法和展示技巧将商品最有魅力的一面展现给消费者，是一种提升商品价值的艺术与技能。商业空间的陈设设计涵盖了艺术感、商业性、时尚感和技巧性，通常以具有视觉冲击力的形象来吸引消费者的注意力。在进行商业空间的陈设设计时，首先要考虑商品的展示、与顾客的交流和互动，其次要考虑商品的类型，如服装的陈设要突出其品位，珠宝首饰的展示应衬托其珍贵，最后要与品牌形象和内涵相结合。合理的商品陈设设计可以起到展示商品、营造品牌氛围、提升品牌形象、促进商品销售的作用（图4-7）。

4. 餐饮空间陈设

随着经济水平的提高，人们更加注重消费的体验，消费者除了满足自己的味蕾外，对用餐环境也提出了更高的要求。餐厅的环境氛围，以及给人带来的精神感受，成为吸引顾客的重要因素。

受多元文化的影响，饮食文化呈现多样化，每个民族独特的民俗风情与饮食息息相关，因此，由于民族风格、经营产品、服务对象的不同，餐饮空间的陈设装饰风格迥异。在餐厅的陈设设计中，只有充分运用其民族元素，与社会文化、情感需求、审美取向结合，才能创造出具有艺术美感的餐饮空间。例如，中餐厅陈设设计以中国传统风格为基调，结合中国传统建筑的斗栱、红漆柱、屋檐等建筑构件，搭配雕梁画栋、沥粉彩画等元素，经过精简、提炼、塑

商业空间陈设和餐饮空间陈设

图4-7　商业空间陈设

造典雅、敦厚的设计效果，同时通过书画、器物等装饰陈设，呈现高雅脱俗的
意境。西餐厅的陈设设计常常配置钢琴、烛台、精致的桌布、精美的餐具等，
呈现幽雅、宁静的气氛（图4-8）。

图4-8 餐饮空间陈设

5．办公空间陈设

现代都市生活的节奏越来越快，人们的工作压力也随之增加，良好的工
作环境有利于缓解员工的压力。办公空间一般由办公区、会议室、走廊、休息
区等几个区域组成，办公空间的最大特点是公共化，陈设设计要照顾到员工们
的审美需求和使用要求，目的是创造一个舒适、安全、方便的工作环境，提高
员工的工作效率和工作热情，此外还要具有展示企业形象、实力的宣传作用。
办公空间的类型很多，如行政性办公空间、商业性办公空间、综合性整体写字
楼等；空间形态也有开放式、隔断式、集合式、复合式等。

办公空间的舒适、方便、效率、安全等需求及工作性质，决定其陈设设
计的风格、文化和品位等特点。使用者的类型决定了陈设的个性，许多办公空
间的陈设设计能体现出公司的精神和理念。比如，行政性办公空间的陈设设计
一般比较简洁，给人严谨、庄重的感觉；商业性办公空间在设计上注重突出企
业形象，追求个性化，更加自由和轻松（图4-9）。

办公空间陈设和娱乐空间
陈设

图4-9 办公空间陈设

图4-10　娱乐空间陈设

6. 娱乐空间陈设

娱乐是与工作相对的概念，娱乐空间是人们在工作之余聚会、欣赏表演、松弛身心的场所。娱乐空间的陈设通常具有鲜明的特色，善于运用灯光照明元素，营造热烈的气氛。娱乐空间主要包括影院、KTV、酒吧、舞厅、网吧、游戏厅等。利用夸张的造型、大胆的配色营造个性突出的空间（图4-10）。

4.1.2　按使用功能分类

室内陈设设计按使用功能分类，主要包括：家具、电器、灯具、织物、装饰陈设品、绿化、日用器皿等。

1. 家具

广义的家具，是室内使用器具的统称；狭义地说，家具是生活、工作中供人们坐、卧、躺，或存储物品的器具与设备。

家具在室内陈设设计中承担着相当重要的角色，是人在室内活动的主要载体，是室内陈设艺术中的主要构成部分。家具可以反映室内设计的地域风格和民族文化，还能起到分隔和组织空间的作用，室内空间通过家具和陈设设备才具有真正的使用价值。家具的造型、纹样、色彩等形成的风格，材质给人的触感，都会给人的心理带来一定的影响。当我们进行室内陈设设计时，首先要决定的就是家具。

家具基本上可以分为两类，一类是实用性家具，如沙发、茶几、餐桌、衣柜等；另一类是装饰性家具，如屏风、陈列架等（图4-11、图4-12）。

2. 电器

电器陈设主要包括电视机、冰箱、洗衣机、空调、电脑等，体现现代科技的发展，赋予空间以时代感，既是陈设品又是工业品。电器产品美观的造型、漂亮的色彩，与家具、植物等组合布置在一起，构成室内优雅、舒适的环境。电器在室内空间中和人之间的距离要适当，如收看电视时，座位与电视屏幕间的距离一般应5倍于电视屏幕的尺寸。

3. 灯具

灯具在室内陈设中主要起照明的作用，灯具只是光源的承载体，光能影

图 4-11　餐桌（左）
图 4-12　陈列架（右）

响人们对空间整体的感受，能够调节对空间大小的认知，引导我们在空间的行为，引发人们对类似光影情景的联想。灯具的种类主要有吊灯、吸顶灯、台灯、地灯等，在进行室内陈设设计时，灯具的形、色、光与周围室内空间要相互衬托，必须和环境相匹配。

　　不同的照度和色温的叠加，能创造出不同的室内气氛，光线可以犹如魔法一般，为整个空间镀上华彩，给人们带来相应的心理感受，当我们在针对不同空间的室内构思陈设时，利用灯具营造不同效果的情调和气氛，也是要着重考虑的方面（图 4-13、图 4-14）。

灯具对不同情调和气氛的营造

图 4-13　灯具（左）
图 4-14　灯具陈设设
　　　　 计（右）

4. 织物

室内织物是一个涵盖面比较广的统称，包括家具面套、桌布、床上用品、窗帘、地毯、盥洗用织物、墙布以及用纤维制作的玩具等。室内织物类的装饰通常面积较大，花纹、色彩鲜明，具有很强的装饰效果。

织物可以分为遮挡视线的织物和覆盖织物两种类型，如，窗帘主要是用来遮挡光线的，也有挡风隔热、吸声降噪、保持私密性的作用；沙发布具、床罩、地毯等具有统一室内色彩的作用，决定了室内织物的总体风格；桌布、壁挂、布艺工艺品等，在室内环境中起点缀、衬托的作用。

在进行室内陈设设计选择织物时，不能孤立地看织物的质地和图案等，要考虑纹样和色彩是否和整体风格协调，还要考虑织物在室内的位置、面积大小等因素。面积较大的织物，如沙发布面、被面、窗帘等，一般应采用同类色系或者邻近色，这样的设计，使室内设计更容易达到统一的效果；面积较小的织物，如靠垫、桌布、壁挂等，可选用鲜艳一些的色彩，增加室内活泼的气氛。窗帘、帷幔的使用，可以结合时令的变化而变化，比如在夏天，宜选用淡雅的颜色和花纹，冬天的窗帘可选择稍重的颜色。在简约风格的室内，有时用大面积纯度较高的、纹样简洁的帷幔来衬托，能起到明快的艺术效果（图4-15、图4-16）。

室内织物的选择

图4-15　靠枕（左）
图4-16　桌布（右）

5. 装饰陈设品

装饰陈设品主要指以装饰观赏为主的陈设，包括书法与绘画、工艺品、纪念品等。装饰陈设品能够表达一定的文化素养和内涵，对塑造室内个性特征、表达室内气氛，起到画龙点睛的作用。

1）书法与绘画

书法与绘画一般展示在与人的视线垂直的界面——通常是墙面，画面中心要与观赏者最佳视线中心平齐。书法、绘画的尺寸和装裱形式会影响在室内陈设的效果，如果想要保留书法和国画的原汁原味，可用卷轴装裱，近年来也开始流行使用镜框镶嵌的中国画（图4-17），古典油画一般使用传统的油画框，近现代绘画作品很多采用无框装裱，不加玻璃保护，直接悬挂在墙

上 （图4—18）。

2）工艺品

工艺品主要包括雕塑、陶瓷等，这一类装饰陈设品一般布置在地面、桌面、柜面等各种水平面上。安排这些陈设品时，要注意构图章法，考虑它们之间形成的空间关系。比如欧式古典风格中经常出现的壁炉装饰，大多在壁炉上方摆设烛台、书籍等，它们的高度、材质都不相同，陈列的大小、疏密会影响整体的视觉效果（图4—19）。

图4—17　中式风格绘画

图4—18　现代风格绘画

图4—19　工艺品

在装饰陈设品的布置和设计中，要考虑它们的角度及欣赏位置：既要考虑这些工艺品与家具的关系，也要考虑它们与空间的比例关系，如某一处空间色彩平淡，可以放置一个色彩鲜艳的装饰品来点缀。因此，在室内陈设设计中，工艺品不能随意乱摆乱挂，要考虑物品的造型、色彩，还要考虑它们的大小、高低，与周围环境的呼应等关系。

6. 绿化

绿色植物给人们带来大自然的生机，可以使室内空间与自然界的优美环境相连，植物的形态和色彩为室内环境起到很好的装饰作用，给人幽静、舒适的感觉和美好的遐想。绿化在室内陈设设计中，可以起到空间的过渡与延伸、限定与分隔，以及柔化硬质空间的作用（图4-20）。

图4-20 室内绿化

绿化陈设从种类上大致可以分为盆景、插花等，从观赏角度来讲分为观花、观叶、观果。

1）盆景

盆景，即盆中之景，指用植物、石块等材料在盆中再现自然景色的陈设艺术。盆景起源于东方，是高度概括化的自然再现，体现了东方人对宇宙和自然的态度。

根据材质不同，盆景分为树桩盆景和山水盆景两种。树桩盆景也称为桩景，按造型的式样，主要有直立式、斜干式、悬崖式等形态。山水盆景又称山石盆景或水石盆景，是一种将自然的石块，通过雕琢、腐蚀、拼接等加工处理，模仿自然山水景观的陈设艺术。一些山水盆景还缀以亭阁、房屋、舟船等，配置草木、苔藓等，增加趣味性，体现山水景观的气韵和形态美。

用盆景美化居室，要在整体和色彩上与室内空间相协调，盆景的数量和房间的面积要均衡相称。通常，树桩盆景选用根干虬曲，或茎杆粗矮、花果鲜艳的木本植物，山水盆景选用斧劈石、钟乳石、太湖石等石种。

在居家空间的陈设设计中，宜选用小巧精致的盆景，一个空间中盆景的数量不宜超过三盆，背景忌杂乱和过于艳丽，可与字画相互衬托，形成整体的观赏效果。在商业空间中，如宾馆饭店的厅堂，应陈设大型树桩盆景和山水盆景：呈对称式摆放的树桩盆景，增加空间的端庄感，山水盆景则一般靠墙体陈设，提升整体的视觉高度。

2）插花

插花是指把可供观赏的枝、叶、花、果、根等部位切取，经过重新组合、艺术加工后插入容器中，形成精美的、富有诗情画意的装饰品。根据插花的风格，可以分为东方和西方两类。

东方风格的插花强调意境美、空间感和时间感，以表现植物的线条和姿态为主，一般使用少量花卉，用数量不多的植物形成富有意境的集景式作品，以能表达和谐状态、耐人寻味的为上品。东方风格的插花为了让作品的气息充分展现出来，需要保证足够的留白设计。根据插花容器的不同，东方风格的插花可以分为瓶花和盛花两种。瓶花采用投入式，将花、枝、叶等插在各种形式的瓶内；盛花用"剑山"（花泥）固定，将花枝插在浅身的盛器中。也有将花、叶浮在水面的"浮花"作品，还有模仿盆景造型的盆景式插花、用两件以上盛器组合的复合式插花（图4—21）。

插花

图 4—21 东方风格插花

西方风格的插花比较注重花卉的色彩和体量感（图4—22），将大量的花卉紧密地扎在一起，形成水平式、三角形、"S"形、新月形、菱形等样式或图形。传统的西式插花常使用重复、对称、渐变等手法形成秩序感，有焦点花和辅助花之分，更加突出色彩斑斓的感觉。现代风格的西式插花使用多样化的辅助材料，将花卉作为素材进行设计，更近似于装置艺术。

图 4-22　西式插花

无论什么风格和类型的插花作品，花器都是插花的灵魂，决定着插花作品的大小和风格，在选择花器时，要与周围环境和谐，如，门厅空间宜用大的花器，客厅或卧室空间可用落地的长花瓶，餐桌与茶几上的插花以低于落座后人的视线为佳，花器不宜过高。

插花艺术的设计和欣赏，一般从形态、色彩、意境、技法和创新五个方面来说。形态是指插花作品的造型，通过对植物的处理，形成高低错落、疏密有致的形式；色彩是指容器、花叶果、背景，三者的色彩统一和谐；意境是指用轮廓清晰、线条分明的插花作品，表达意境独到、形神兼备的内涵；技法是指选材、修枝、固定等的技法体现；创新是指插花作品有个性化、创新性和时代的表现力。

7. 日用器皿

日常生活用器皿也是很好的陈设品，在选择上和摆放上遵循一定的设计手法，可以取得艺术效果。日用器皿一般分为陶瓷器皿和玻璃器皿两类。

我国自古就有生产陶瓷的技术，现代陶瓷制品风格多种多样，能体现现代人们的审美情趣。陶瓷器皿按功能一般分为两种：实用性陶瓷和观赏性陶瓷，也有一些陶瓷制品既有实用性又有观赏性。实用性陶瓷包括餐具、陶质锅具等，具有多种款式及规格，造型美观，主要做餐饮、烹饪用具。观赏性陶瓷一般指美术陶瓷，具有较高的艺术价值，造型生动、款式多样，主要用作艺术陈设及装饰。

玻璃器皿具有晶莹剔透、美观实用的特点，按照材质区分，有三类：普通钠钙玻璃器皿、水晶玻璃器皿和稀土着色玻璃器皿。在陈设设计时要注意，光亮耀眼的玻璃器皿要少而精，玻璃花瓶要注意造型、大小和花种的搭配（图 4-23）。

4.1.3　按制作材料分类

室内陈设物品的舒适性和安全性取决于材料的特性，陈设设计的表现形式也与材质密切相关。陈设设计的制作材料主要包括陈设品主题结构制作、家具表面装饰、与家具相关的各种材料。材料是陈设物品造型和结构的基础，是

图 4-23 玻璃器皿

实现形式感的前提和保障，由于材料的物理性质及化学性质的不同，给人不同的质感和审美感受。室内陈设品的制作材料主要可以分为天然木材、竹材、藤材、棉麻等自然材料；木质人造板、纤维、金属、塑料、陶瓷、玻璃等人工材料。下面选取典型的几种制作材料进行介绍。

1. 天然木材

木材是一种质地精良、易于加工成型的自然材料，木材主要用于制作家具陈设品，是沿用最久、使用最多的家具材料。木材是可循环利用的资源，具有天然的色泽和纹路，有较高的韧性、易加工等特点（图 4-24）。木材的年轮和木纹形成各种纹理，经过锯切、刨切或旋切以及拼接等方法，形成丰富而美丽的花纹，不同的树种具有深浅不同的天然颜色和光泽。木材的绝缘性能较好，热传导慢，相对于其他材料更能给人以冬暖夏凉的舒适感。同时，木材也有吸湿、易受虫菌蛀蚀和易燃等缺点。木材的吸湿性对产品的加工影响极大，会导致木材开裂、翘曲和扭曲，造成木材形状、尺寸的改变。常用的木材有松木、水曲柳、橡木、胡桃木、椴木、檀木、花梨木等。

玻璃器皿

2. 竹材

竹子的生长速度比树木快得多，一般三五年时间便可加工应用，是一种遍布我国西南和华东各地的天然资源。自古以来，在我国黄河以南各地区就开始较为普遍地制作、使用竹材家具。从一些佛教画像中可以看到，早在唐宋时期，我国已有竹制

图 4-24 木质陈设品

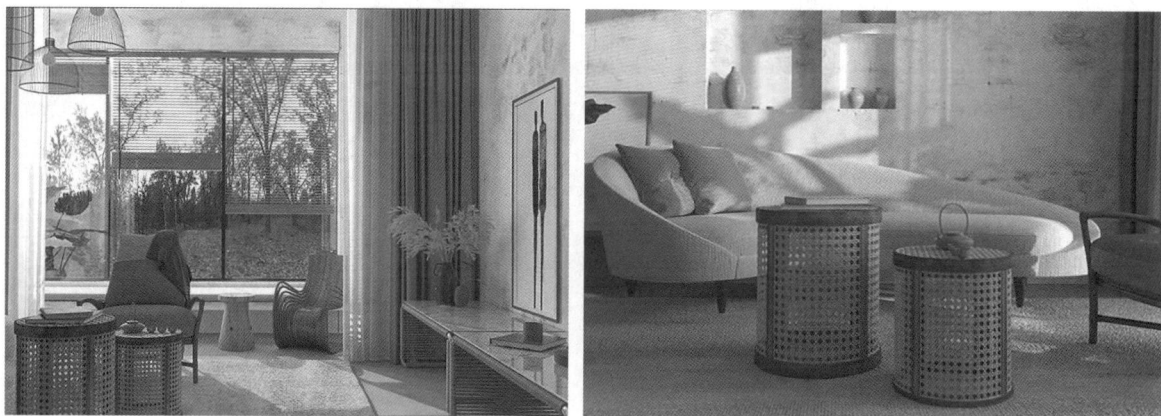

图 4-25　竹材陈设品

的官帽椅、脚凳、禅椅。由于难以长久保存，清代以前的实物已不可见，但从有关的史料考证，明清时期，竹家具是非常流行的。现在的竹制陈设品主要有传统款式的凳、椅、桌、几、案、床、架、屏风等（图 4-25）。

3. 藤材

藤材主要生产和分布在亚洲、大洋洲、非洲等热带和亚热带的丛林中，我国对藤材的开发和利用有着悠久的历史，在高足家具出现之前，人们的坐卧用具多为席和榻，其中的席子就是主要用藤材编织而成的。自汉代以后，随着制藤工艺水平的提高，我国藤制陈设品的种类日益增多，藤椅、藤床、藤工艺品相继出现，欧美许多著名的博物馆都收藏着中国藤制家具。藤材具有色彩柔和、肌理自然、韧性大、易弯曲、易加工等特点，这些特点赋予了藤制家具质朴清新、自由随意、动感十足的风格特征（图 4-26）。

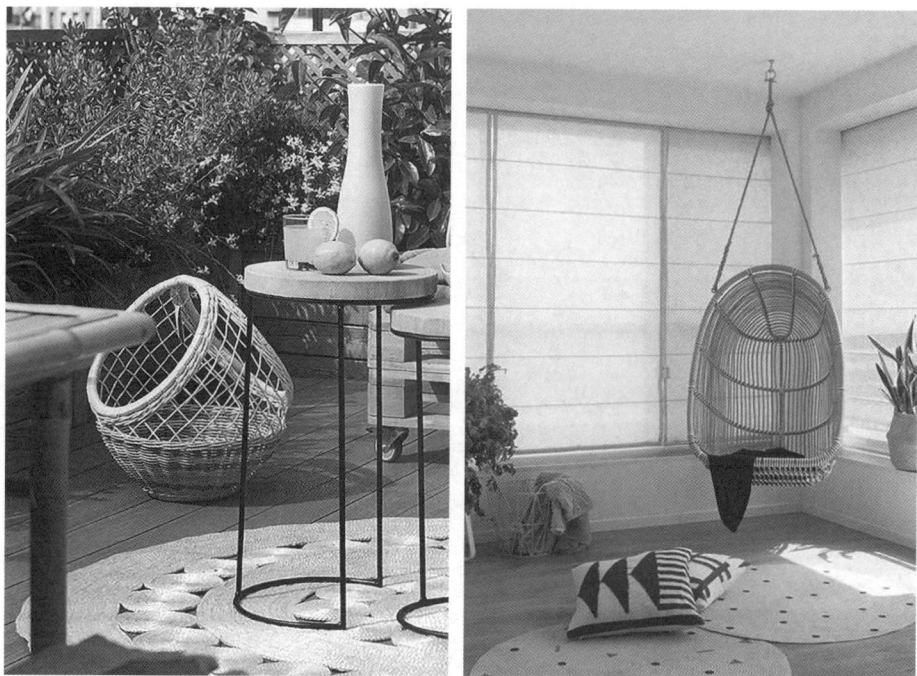

图 4-26　藤材陈设品

4．木质人造板

木质人造板是将原木或角料等经过工业加工制成的木质材料，具有幅面规整、质地均匀、易于加工、变形小等优点。采用木质人造板制作陈设品，便于实现标准化、系列化、机械化，可以制作结构简洁、造型新颖的家具，在现代陈设物品的设计和生产中，人造板材已经开始逐渐代替天然木材，除少数的方材部件必须使用实木外，大部分部件均采用各种人造板材。木质人造板种类丰富，目前在室内陈设中常用的有胶合板、纤维板、刨花板、细木工板、木塑复合板材等材料。

1）胶合板

胶合板是将原木经过旋切或刨切成单板，用三层或三层以上的奇数单板胶合而成，单板之间的纤维方向互相垂直、纵横交错，通常最外一层采用优质树种的薄木。在设计中，胶合板可与木材配合使用，一般用于大幅面的部件，比如各种柜类家具的面板、背板、顶板、底板等，椅类家具的靠背板、坐面板、扶手等。图4-27所示，是波兰女设计师Alicja Prussakowska设计的"Mizu"架子，把四块能够弯折的胶合板用铁丝穿插，架子的形状根据放置的物品重量和位置而变化，四块胶合板像波浪一样起伏，具有强烈的装饰性和趣味性。

图4-27 "Mizu"架子

2）纤维板

纤维板也称为密度板，是以木材或植物纤维为原料，经过削片、制浆、成型、干燥后，热压而成的板材。纤维板根据密度的大小，分为高密度纤维板、中密度纤维板、软质纤维板等。中、高密度纤维板具有幅面大、表面平整、强度高、变形小、易于切削加工、板边坚固、便于直接胶合饰面材料、便于涂饰等特点（图4-28）。

3）刨花板

刨花板是指利用小径木、木材角料（板皮、刨花、碎木片、锯屑等）和植物纤维加工而成的人造板材，一般是把碎料或刨花，经过干燥，用胶粘剂、

图4-28 纤维板制作
的家具陈设品（左）

图4-29 细木工板制
作的家具陈设品（中）

图4-30 木塑复合板
材制作的阳台桌椅
（右）

硬化剂及防水剂等化学材料，在一定温度下压制而成，刨花板又称碎料板。刨花板具有幅面规整、结构均匀、易于加工、利用率高等优点，能够制作不同规格和造型的陈设物品。但是，刨花板也有表面抗拉强度较低、边部易脱落、握钉力较差、甲醛释放量大等缺点。在家具制作中，为延长使用寿命，板材边部须采用实木或塑料封边，表面需粘贴单板或其他饰面材料。

4）细木工板

细木工板俗称"大芯板"，是指将厚度相同的木条同向排列拼合，在两面胶贴一层或两层单板而成的板材。细木工板具有握钉力好、强度高、质坚、加工简便、吸声好等特点，是木材本色保持较好的优质板材，广泛用于家具中，尤其适用于台面板和坐面板及结构承重部件。一定要注意，室内陈设设计只能使用E1级的细木工板，如果产品由E2级的细木工板制作，即使是合格产品，其甲醛含量也可能要超过E1级细木工板产品3倍多，所以E2级细木工板绝对不能用于室内空间的装饰装修。对于不能进行饰面处理的细木工板，如装修的背板、各种柜内板等部位，需要进行净化和封闭处理，防止室内甲醛超标（图4-29）。

5）木塑复合板材

随着社会的发展及环保理念的普及，木塑复合板材迅速兴起，成为世界上许多国家推广应用的新型材料之一，正在渐渐取代木材在陈设中的应用。木塑复合材料主要以竹粉、麦秸、稻壳、玉米秆等植物纤维为基础，与聚乙烯（PE）、聚丙烯（PP）等热塑性塑料，按照一定的比例混合，压制成一种可逆性循环利用的绿色环保材料。木塑复合材料兼有木材和塑料的特点，具有质轻、强度高、耐虫蛀腐蚀、易于加工、环保等优点，在视觉和触觉上与木材纹理质感相近，给人以舒适、温暖的自然感（图4-30）。

5. 金属

金属材料以优良的力学性能、易于加工和独特的表面特性，在陈设中应用广泛，常用的金属材料主要有铸铁、钢材制成的管材、板材及型材等。

铸铁是一种含碳量2%以上的黑色金属，材料抗压强度高、无延展性，具有丰富的肌理，给人一种厚重的历史感。常用于铁艺装饰陈设品，或者用于具有强烈装饰性、仿古及欧式等家具的底座、支架等支撑件，既承载了厚重的传统文化，又寄托了现代人的怀旧情绪。

钢材的含碳量一般在 0.03% ~ 0.2%，是抗拉强度、韧性、抗剪强度等力学性能都非常卓越的材料。钢材制作的陈设品坚硬挺拔，具有科技感、力度感和现代感，可以实现独特的造型，能够将艺术性与实用性相统一。设计师 Dmitry Kozinenko 设计的金属置物架"Field"，把金属线条弯曲凹凸形成 3D 立体的货架（图 4-31）。用于制作家具的钢材多为碳素钢，通常采用焊接、螺钉、销接等连接方式与其他材料进行结合、组装，组合成造型、结构形式多样的成品。通过金属与其他材料的搭配，产生刚与柔、人工与自然、冷峻挺拔与温和厚重的对比效果，丰富了金属家具的视觉效果和人的心理感受，如以钢板和钢管为结构骨架，通过插接、螺钉等连接方式，将木质基材固定于金属框架上，克服了单一金属材质冰冷的感觉。

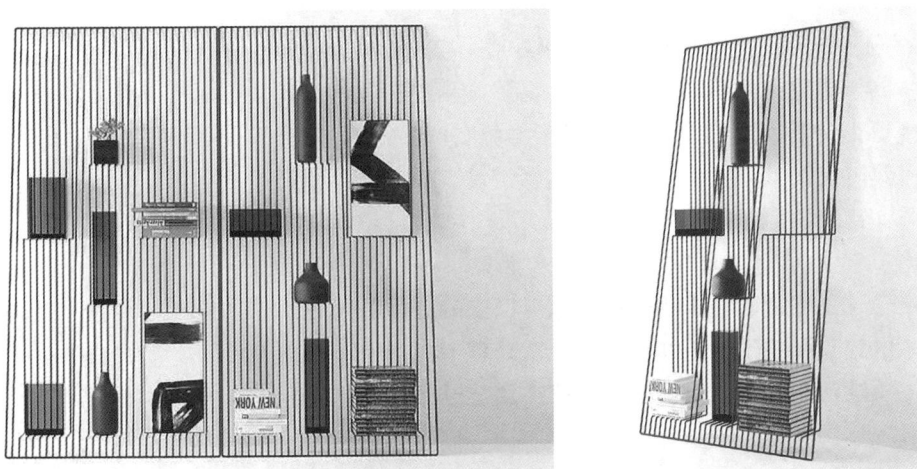

图 4-31 金属置物架"Field"

6. 塑料

塑料是不断改进的人工合成材料，可以通过注塑成型、滚塑成型、吹塑成型、压制成型、挤出成型、热成型、浇注成型等工艺加工成任何形状，为陈设品的多样化提供了可能。20 世纪 60 年代中期，意大利设计界提倡塑料家具开发，将功能糅合在丰富的色彩和简洁富于变化的造型中，为现代家具开辟了新的途径。家具中常用的塑料材料主要有强化玻璃纤维塑料（FRP）、丙烯酸树脂（亚克力）、聚乙烯（PE）、聚氨酯泡沫塑料（发泡塑料）、聚氯乙烯（PVC）等。

日本设计师仓俣史朗（Shiro Kuramata）的作品"布兰奇小姐"椅（图 4-32），充分利用了丙烯酸树脂的透明特点，把鲜艳的人造玫瑰绢花浇注在透明的丙烯酸树脂中，透明的板块造型由紫色铝合金椅腿支撑起来，使得椅面和扶手里带叶

"布兰奇小姐"椅和"河流"桌子

图 4-32 "布兰奇小姐"椅

图4-33 "河流"桌子

的红玫瑰能够悬浮在半空中，每当光线穿过，影子似乎浮动着玫瑰带来的浅红色水波，充满现代科技感和优美的意境。

7. 玻璃

玻璃是一种透明的人工材料，可以通过截锯、雕刻、化学腐蚀、喷砂等工艺，形成图案装饰，制作透明或半透明的效果，丰富陈设品的造型。玻璃是柜门、茶几、柜子搁板、餐台等家具陈设中常用的一种材料，与木材、金属等材料结合，可以增强家具的装饰效果，由于玻璃的透明特性，在灯光的烘托下能起到虚实相交的装饰作用。

美国设计师格雷格·克拉森（Greg Klassen）在自然景观中找到灵感，设计了一系列"河流"桌子（图4-33），选用的木材来自回收的树木，将原木顺着纹路切开，保留原木的结节和纹理，将切割的蓝色玻璃镶嵌到木头中，桌上蓝绿色玻璃仿佛蜿蜒曲折的河流，原本沉闷的风格变得活泼开朗，呈现出一种独特的美感。

4.1.4　按陈设方式分类

室内陈设品的丰富多彩，决定了其陈列方式的多样性，常见的陈列方式有壁面陈设、台面陈设、橱架陈设、落地陈设、悬吊陈设等。

1. 壁面陈设

壁面陈设主要包括绘画、书法、壁画、壁挂、剪纸、镜子等悬挂在墙面上的平面陈设品（图4-34）。

壁面陈设形式有对称式、非对称式和成组布置等，对称式布置可以获得严谨、庄重的效果，常见于中式传统风格或庄严端正的室内空间。非对称式布置以灵活多变的形式，达到生动、活泼的艺术效果，运用较为广泛。成组布置是指利用多个平面艺术品，组合形成水平、垂直、三角形等构图关系，成组布置要尽量做到和谐有序，可追求排列的节奏韵律感，体现个性化的艺术效果。

2. 台面陈设

台面陈设指以家具台面为依托，将陈设品摆放在各类台面上的展示方式，是运用较广泛的陈设方法。

台面陈设有对称式和自由式两种布置方式，对称式布置具有较强的秩序

图 4-34　壁面陈设

感、整齐端庄，使用时要避免平淡、呆板；自由式布置变化丰富、灵活多变，要避免杂乱无章的堆砌感。

台面陈设应首先满足台面的使用要求，优先陈列与台面使用功能相关的实用性陈设品，适度配置装饰性陈设品（图 4-35）。

3. 橱架陈设

橱架陈设主要指利用书架、橱柜、博古架等家具作为展示的陈设，是一种兼有储藏功能的展示方式，既

图 4-35　台面陈设

实用又美观。尤其当空间狭小，或需要展示大量陈设品时，橱架陈设是最为实用、有效的陈设方式。橱架可以是开敞通透的，也可以用玻璃门封闭，既可以有效地保护陈设品，又不影响展示效果，对于贵重的陈设品或收藏品尤为适宜。

橱架陈设的橱架家具造型、色彩宜简洁，避免造成喧宾夺主的情况，陈设品的数量不宜过多，在摆放时应将同类或相似的陈设品有秩序排列，部分突出，形成对比的生动感（图 4-36）。

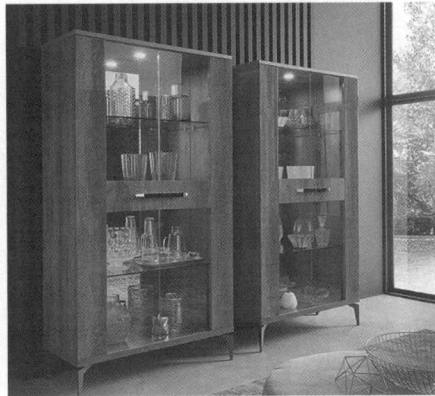

图 4-36　橱架陈设

4. 落地陈设

落地陈设适用于大型雕塑、盆栽、工艺花瓶等体量或高度较大的陈设品，多用于具有较大面积的室内空间。落地陈设应注意陈设品的位置，既适宜观赏，又不妨碍人们的日常活动。由于这一类的陈设体量较大，应注意与空间整体风格的协调。

5. 悬吊陈设

悬吊陈设是指从屋顶或顶棚垂吊、没有落地连接的陈设，多用于吊灯、珠帘、风铃、吊篮等陈设品。悬吊陈设可以充分利用空间，减少竖向空间的空旷感，丰富空间的层次，营造独特的视觉效果。

悬吊陈设多采用自由灵活的布置方式，达到生动活泼的艺术效果，也可有规律地排列，以产生较强的节奏感。出于安全的考虑，悬吊陈设品最好选择织物、薄木或轻金属等材料制作（图4-37）。

图4-37 悬吊陈设

4.2 室内陈设设计的程序与方法

4.2.1 室内陈设设计的程序

室内陈设设计通常可以分为前期准备工作、方案设计与表现、方案实施与维护三个阶段。

1. 前期准备工作

1）设计依据

规范的陈设设计项目应该有明确的任务书，任务书是保证设计能沿着甲方意图展开的设计依据。陈设设计任务书一般会涵盖项目的各个方面，如：项目概况、设计要求、最终成果，包括采购清单等细节。居家陈设设计与商业空间陈设设计所提供的任务书不尽相同，任务书可以明确甲方的目的和需求，是设计师工作的依据与基础。

一般来说，在居家空间的陈设项目中，任务书由设计方提供给委托方填写，非居家陈设项目的任务书由甲方拟定，也有一些是在双方洽谈中以会议纪要等方式形成的文书（附：陈设设计项目任务书样本）。

陈设设计项目任务书

一、项目概况

1. 项目名称：_____项目地点：_____

2. 项目类别：_____项目面积：_____

3. 甲方执行负责人：_____联系电话：_____

4. 乙方设计负责人：_____联系电话：_____

5. 硬装设计负责人：_____联系电话：_____

二、设计要求

业主宗教信仰：

1. 内容和范围：□家具；□灯饰；□布艺；□饰品；□花艺；□画品；□其他

2. 业主的年龄：_____岁；业主的职业：_____；孩子的年龄：____岁

3. 业主的爱好：_____；其他：_____

4. 业主选择餐桌形状：□圆形；□方形；□长方形

5. 业主计划软装的费用：____万元；费用比重：家具_____，饰品_____

6. 设计定位

情景主题：□整体项目主题：_____
　　　　　□具体空间主题：_____

风格定位：□中式；□东南亚；□现代；□欧式；□新古典；□其他

三、设计进度计划

（一）设计进度计划书

1. 提供概念设计成果时间　　　　　　　　　　____年____月____日

2. 提供方案设计成果时间　　　　　　　　　　____年____月____日

3. 提供材料样板时间（家具布料及木饰面板）　____年____月____日

4. 提供家具白坯完成时间　　　　　　　　　　____年____月____日

（二）设计成果

1. 初步设计概念图册

（1）人物背景、爱好设定（如男、女主人的职业、爱好等）　　（　　）

（2）主题设定、故事情节创意（故事情节展现到每个空间）　　（　　）

（3）优化平面布置图　　　　　　　　　　　　　　　　　　（　　）

（4）配色方案确定　　　　　　　　　　　　　　　　　　　（　　）

（5）家具布料及木饰面样板　　　　　　　　　　　　　　　（　　）

（6）家具、灯具等方案配彩图　　　　　　　　　　　　　　（　　）

2. 深化设计图，落实采购清单

（1）家具清单：

陈设设计项目任务书

（2）灯具清单；

（3）花艺清单；

（4）窗帘清单；

（5）饰品清单；

（6）床品清单；

（7）地毯清单；

（8）挂画清单；

（9）其他；

2）现场勘察

（1）与客户沟通交流，了解客户喜欢的风格、色彩偏好、个人兴趣爱好、职业特点、投入预算等情况。

（2）实地勘察，测量空间尺度，了解前期硬装的基础；测量空间尺寸，绘制平面图和立面图；拍照或录制空间视频，从不同角度把握空间特点。

（3）确定客户需求，与客户深入沟通，通过图片、案例等资料，了解客户对各类风格的观点和看法，有图片示例作参照，双方的沟通更直观和清晰，能够更快地找到契合点，这一环节主要确定色彩和风格两个主题。

3）设计风格

设计师从客户对设计的要求、空间性质、设计风格、设计概念等几个方面综合考虑，结合硬装风格与后期陈设设计的和谐统一，进行风格的定位。涉及家具、布艺、饰品等细节时，要注意捕捉客户的喜好。

2．方案设计与表现

1）设计初步方案

设计的初步方案可用设计草图的形式表现，将设计概念快速传递给客户，非专业人士缺少对平面图和立面图等二维施工图的感悟能力，设计师利用娴熟的手绘效果图，可以加深客户对设计意图的领会。可以设计 2 ～ 3 套方案，与客户进行沟通。

2）配饰元素信息采集

收集陈设设计资料，进行市场考察，对于定制的家具等陈设品，要供应商提供相应的资料，产品采集表应包含家具、灯饰、装饰品、绿化等。

3）方案深化与调整

在取得客户对方案初步认可的基础上，确定陈设设计的色彩、风格、产品等，明确方案中各产品的款式、价格及组合效果。为客户全面而系统地介绍正式的陈设设计方案，根据客户的意见与反馈，深入分析客户对方案的理解，进行方案的调整，最终确定陈设设计的配饰及产品。

3．方案实施与维护

1）签订定购（采买）合同

与客户签订采买合同，与厂商签订订购合同。

合同是规范化执行的一种公平而严谨的文书，对项目的最终落实至关重要。拟定合同要从陈设设计的项目执行出发，避免可能出现的争议和纠纷。合同中通常包括工程地点、项目名称、工程内容、费用、给付方式、甲乙双方责任与权利、质量的保证与验收等关键项。甲乙双方也可以以《意向协议书》等方式签约（附：《室内陈设配饰意向（设计／认购）协议书》样本）。

《室内陈设配饰意向（设计／认购）协议书》

甲方：_____先生／小姐（以下简称"甲方"）联系电话：_____

乙方：_____陈设设计公司（以下简称"乙方"）

联系地址：_____

代表人：_____联系电话：_____

甲、乙双方本着公平、友好协商的原则，就乙方的整体软装配置及款项支付方式的相关权利、义务达成以下协议。

一、项目情况

项目名称：_____

项目地址：_____

建筑面积：_____ m²

二、甲、乙双方自愿就以上项目按照_____陈设设计公司家居软装产品销售达成本协议，本协议只限于作为认购意向金的双方法律约束条件。

三、甲方以约_____元／m² 的价格，认购乙方的软装（和设计）产品，交付标准以双方认可的软装产品配置单为准。

四、甲方在确定设计（或购买）意向后，双方签订本协议，并向乙方支付意向金：□全案软装 10000 元、□基本软装 5000 元（大写_____元整）。

五、设计费说明（支付设计费首款或意向金，可二选一）

（软装）服务	□设计总监：_____元／m² 以上；□首席设计师：_____元／m²； □主任设计师：_____元／m²。含硬装设计，设计费另计：_____ 产品包括：□家具；□灯具；□窗帘；□壁纸；□软包；□地毯；□装饰品
费用及支付方式	设计费总额：_____元 合约签订付首款60％为_____元；交稿完成尾款40％为_____元

注：收费设计类提供全套咨询、全套设计与效果图（设计总监约定3张，首席设计师约定2张，主任设计师约定1张，此外每增加一张额外收取_____元）报价。

六、甲方在签订购买软装合同前，乙方必须提供一个完整的产品配置、型号、规格、数量清单，由甲方确认后成为合同附件，与合同同步生效，竣工按配置单验收。

七、意向金支付方式与限制条件

1. 甲方所支付的意向金以人民币形式结算，在结算过程中由乙方配合甲方办理相关事宜。

《室内陈设配饰意向（设计／认购）协议书》

2．甲方所付意向金是向乙方表示对双方确定的精装产品的风格、价格因素的认同，并愿意在客观因素（指国家政策限制）影响下能达成最终买卖关系的购买诚意。

3．若因国家政策限制，并通过双方努力后确定仍无法达成购买的情况下，甲方可向乙方退回所付诚意定金，并办理相关手续。除此以外，所收取诚意定金乙方不予退还。

八、双方权利义务

1．乙方在签订本协议（收到甲方相应款项）后，不得以任何理由涨价和降低产品质量标准。

2．甲方在签订本协议后，应严格履行协议中各项权利义务。

九、乙方对协议有最终解释权。协议未尽事宜，需经双方协商解决。

十、其他约定：

本协议一式两份，甲、乙双方各一份，自双方签订之日起正式生效。

甲方（购买方）：_____　代表人签字：_____

乙方：_____陈设设计公司　代表人签字：_____

日期：_____年_____月_____日

2）现场实施

分别对陈设品的清单与到货情况进行核实，检查物品的到货情况，根据设计方案进行现场摆放和设置，向甲方移交。通常情况下，由甲方安排人员配合设计方进行陈设物品的落实，也有委托设计方负责物品到位等事宜的。在非居住空间的陈设中，如果某些陈设物品未能在重要的时间节点（如开业等）到达，设计方要有应急准备，比如临时替代品，或者按照空间的重要性进行内部调节。

3）调整与收尾

由于陈设设计方案的多样性及个人审美的变化性等因素，方案实施的过程中或完成后，可能需要根据客户的要求，进行设计方案的修改和优化。特别是在商业空间的陈设项目中，要根据营业过程中的使用情况对方案进行调整，设计师应能够灵活应对，及时调整并保证取得良好的陈设效果。

随着陈设设计工作的进行，不仅能够得到客户的反馈，还能够吸取经验和教训，为下次更好的设计作准备。

4.2.2　室内陈设设计的方法

陈设设计的方法多种多样，设计师会根据自己的理解，在遵循美学原理的基础上，采用各自独特的陈设布置方法。陈设设计方法大致分为以下几种：均衡对称法、突出主题法、情景呼应法、三角构图法、适度差异法、灯光烘托法等。

1. 均衡对称法

将室内陈设品采用均衡对称的形式布置，可以营造协调和谐的装饰效果。在有大型家具的空间，将饰品由高到低进行排列，可以避免视觉上的不协调感；台面上摆放较多的陈设品时，运用前小后大的设置方法，可以在展示每个饰品特色的同时，营造层

图 4-38　均衡对称法
　　　　布置挂画

次分明的视觉效果；两个样式相同的陈设品并列设置，可以制造出韵律的美感（图 4-38）。

2. 突出主题法

在室内陈设设计中，可用突出主题的方法明确重点，确定视觉中心，对营造主次分明的层次关系有比较大的帮助。可以用一个造型别致、色彩突出的家具，也可以用一盏灯饰或一幅画，或者是有纪念意义的照片墙，进行视觉中心的确定，突出空间的主题风格，然后再选用相应的陈设品进行整体协调的搭配（图 4-39）。

图 4-39　突出家具主题

3. 情景呼应法

优秀的陈设设计从不同角度观赏都能找到和谐美丽的点，在选择一些较小的装饰陈设品时，主要考虑与主题或装饰品之间的呼应性，可以整体提升陈设的装饰效果。陈设品之间元素的相互呼应，体现在颜色、材质、形状上，在主题上遵循同一主线，相互呼应，打造层次分明的视觉景象（图 4-40）。

4. 三角构图法

三角构图法主要是根据陈设品的体积、尺寸、高低等，进行排列组合，形成布置有序及轻重相间的三角形状。三角构图法追求陈设布置的完整性，要

有主次感、层次感、韵律感，同时要注意与大环境的融洽，通常从正面观看时，陈设元素间的组合呈现的形状是三角形，显得稳定而有变化（图4-41）。

5. 适度差异法

陈设品的选择要有一定的内在联系，形状上要有变化，物体应有大小、高低、长短、方圆等方面的区别；在色彩上也要适度变化，整体色调比较素雅、深沉时，可以考虑用亮一点的色彩提亮整个空间。要注意的是，过分相似的形体放在一起会显得单调，但过度的差异也会造成不够协调的效果（图4-42、图4-43）。

6. 灯光烘托法

不同的灯具和不同的照射方向，使陈设品产生不同的美感，摆放陈设品时要考虑灯光下的效果。一般来说，暖色的灯光产生柔美温馨的质感，在居家空间的陈设中较为常用，暖色的灯光搭配贝壳或树脂材质的陈设品比较合适；

图4-40　挂画与工艺品呼应（左）

图4-41　三角构图法（中、右）

图4-42　色彩差异(左)

图4-43　大小差异(右)

图 4—44　灯光烘托法

冷色的灯光在娱乐空间较为常见，冷色的灯光会让水晶或者玻璃材质的陈设品在视觉上更加透亮（图 4—44）。

4.3　室内陈设设计的成果表达

室内陈设设计的成果表达主要包括陈设设计效果图、陈设设计图片注释、陈设设计文案表达等。

4.3.1　陈设设计效果图

设计效果图是设计者构想的表达，集中体现了设计师的设计构思和创意。效果图的表现手法多样，可以分为徒手效果图表现和电脑辅助效果图表现。

1. 徒手效果图表现

徒手效果图是设计师表现创意的手段，也是同自己的一种交流，徒手设计图的价值在于表达和促进设计构思过程中的思考。

1）概念草图

在确认设计风格后，可根据空间类型、性质和客户的需求，表现设计师的初步构思效果。设计师利用概念草图将陈设品在空间中的关系表现出来，较为直观地向甲方表达设计理念，对于方案的确认有很大的帮助，是沟通时便利的交流方法（图 4—45）。

2）手绘效果图

手绘效果图是一种用钢笔或针管笔勾线、马克笔或彩铅等工具上色的快速表达设计效果的方式，是设计师与客户之间交流的沟通媒介，是设计师艺术

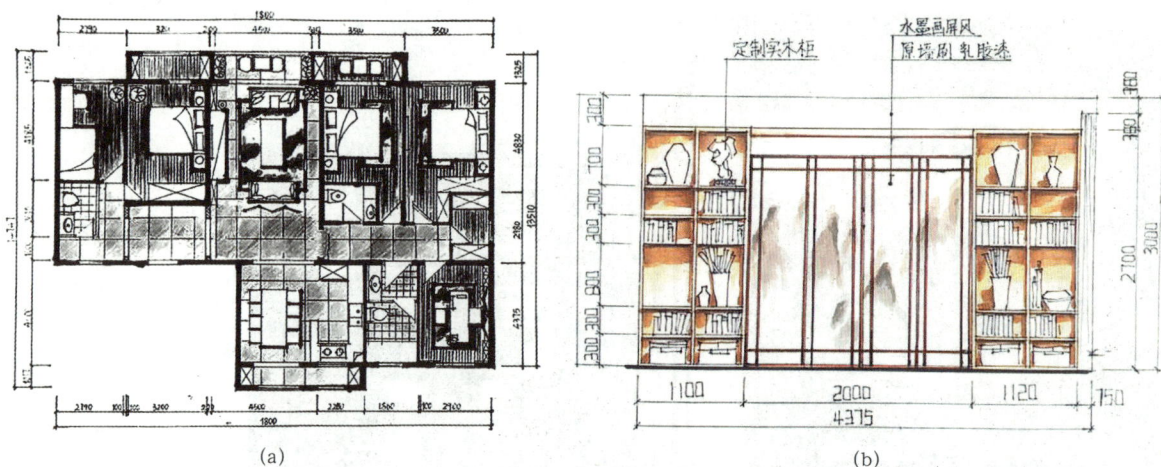

(a)

(b)

图 4-45 概念草图表达
(a) 平面图;
(b) 立面图

化、完整地表达设计思想的最直接、有效的方法，也是判断设计师专业水准的直接依据。手绘效果图生动、明快、直观，是设计师与客户沟通的重要方式（图 4-46）。

图 4-46 手绘陈设设计效果图

2．电脑辅助效果图表现

电脑辅助效果图是信息化技术和绘画艺术结合的产物，主要是设计效果仿真化、三维化，电脑辅助效果图能够较为真实地表现设计效果，将空间的陈设效果展示出来，对项目方案进行更为细致的推敲。陈设设计一般很少用电脑表现，如果使用电脑辅助效果图，多半是根据客户的需要而制作（图 4-47）。

图4—47 电脑辅助效果图表现

4.3.2 陈设设计图片注释

图片注释就是用文字和意向图片的形式，对陈设设计方案进行解释和说明，让客户看介绍、评议的文字就知道陈设品的用途和效果（图4—48）。

图4—48 陈设设计图片注释

4.3.3 陈设设计文案表达

陈设设计文案表达是指通过编辑、撰写文字来表达陈设设计者的设计创意。

1. 陈设设计文案表达的要求

1）语言准确规范、主题明确

语言准确、规范是最基本的要求。文案是设计者对设计主题和创意的有效表现，首先要求文案中的语言表达规范，避免语法错误。其次，语言要准确，避免产生歧义或误解。再次，文案中的语言要符合语言表达习惯，不可生搬硬套。最后，文案中的语言要尽量通俗化，为便于非专业人士对设计方案的理解，应避免使用冷僻或者过于专业化的词语。

2）文字简明凝练、言简意赅

陈设文案的文字要简明凝练、言简意赅。使用较为简练的语言表达出陈设设计主题，简明精练的文字加上意向图片，吸引客户的注意力，使客户更快地理解设计主题思想。

2. 陈设设计文案表达的构成

陈设设计文案由创意设计标题、设计说明、设计主题口号、实施方案以及意向图构成。下面就创意设计标题、设计说明、设计主题口号进行简要介绍。

（1）创意设计标题：是陈设设计文案内容的表达重点，使客户对文案留下较深刻的印象，引起对陈设设计方案的兴趣，促使他们阅读正文。标题的设计形式有：情报式、问答式、新闻式、暗示式等。标题撰写要简明扼要、易懂易记、新颖个性。

（2）设计说明：设计说明是以文字的形式来具体表达设计方案、阐述设计者的设计意图，增加客户对方案的了解与认识。不论采用何种题材式样，都要抓住主要信息进行叙述，撰写内容应实事求是。

（3）设计主题口号：主题口号是陈设设计方案的精髓，经过反复的表现，给客户留下深刻印象。主题口号常见的形式有：联想式、比喻式、推理式等。主题口号的撰写要简洁明了、语言明确、独创有趣。

【思考与练习】

对某居住空间进行室内陈设设计方案训练，要求：写出项目的分析过程、设计概念的来源及相应的空间形态策划方向，对方案作出设计说明。

单元5 室内陈设艺术的色彩配置

【教学目标】

1. 了解色彩的产生过程及基本知识；
2. 了解室内陈设设计中的色彩分类；
3. 熟悉各种色彩具有的感情特点及其适用人群；
4. 掌握室内陈设品的色彩对室内空间使用人群产生的心理影响；
5. 掌握室内陈设品所包含的内容和不同风格下室内陈设品的色彩配置原则。

色彩的搭配组合是室内陈设艺术的具体表现形式之一，它是室内空间带给人们情绪和心理感知的重要载体。室内陈设艺术中的色彩配置所包含的色彩知识比较广泛，涵盖了室内空间和室内陈设品的色彩配置，针对不同风格、不同人群进行不同的色彩配置可提高室内空间使用的舒适程度。

5.1 陈设艺术设计中的色彩识别

自然界中充满了各种颜色，蓝色的海洋、绿色的植物、五颜六色的花朵、棕色的马儿以及白色的羊群，那么，人眼是如何感知这些色彩的呢？

5.1.1 色彩识别的基础知识

1.色彩的产生

色彩是通过光源、视觉感知器官、视觉处理器官和目标物体相互作用所产生的一种视觉感觉，同时也是人们正确判断色彩的条件，其中一个条件发生变化，就会影响目标物体最终的色彩感觉。假如缺失光源，黑暗中人们将无法感知物体的任何色彩信息，因此，我们对色彩的感知包括物体本身的固有色彩和物体反射的光源信息等，最终以色彩的形式进行综合感知（图5-1）。

2.色彩的分类

色彩主要分为两个大类：有彩色系和无彩色系（图5-2）。有彩色系指红、橙、黄、绿、青、蓝、紫等颜色以及上述颜色不同明度和纯度的色调组合，主要用色相、纯度和明度来区分。无彩色系是指黑色、白色以

图5-1 色彩感知过程

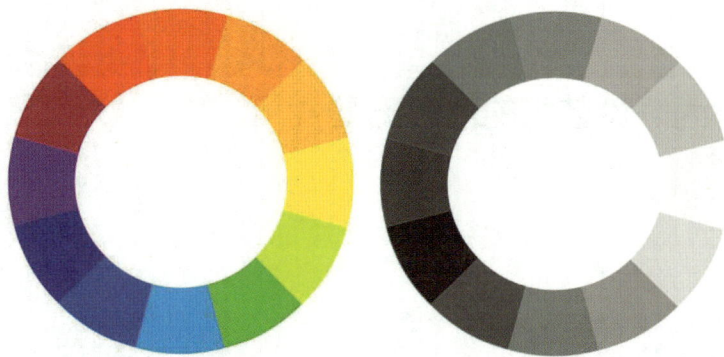

图 5-2　有彩色系和无彩色系

及二者混合形成的各种不同的灰色，主要用明度来区分，白色明度最高，黑色明度最低。

根据室内陈设视觉感受效果，有彩色系还可以进一步分为暖色系、冷色系和中性色系；根据室内陈设设计的色彩布局，还可以分为主色调、背景色和配色。

3．色彩的三属性

色彩的三属性指色相、明度和纯度这三个基本要素。根据色彩分类，我们可知无彩色系主要为黑、白及各种灰，表现相对简单。有彩色系的表现过程则比较复杂，据了解，一般人的眼睛可以感知电磁波的波长在 380 ~ 780nm 之间的颜色（即可见光），大约有130万种。因此，用色相、明度和纯度三属性可以有效、准确、真实地区分色彩。室内陈设设计配色时，参照三属性的具体色值对色彩进行相应的调整，是较为科学有效的方法。

1）色相

顾名思义，色相指色彩的相貌，是区别不同色彩的主要特征，也是明确表示某种颜色色别的名称。有彩色系的色彩基础是三原色——红、黄、蓝，三原色两两调和后可以得到三个间色——橙、绿、紫，三原色和相邻的间色调和后可以得到六个复色——红橙、黄橙、黄绿、蓝绿、蓝紫、红紫，上述色彩按顺序环状排列，可以形成直观的颜色体系，即十二色相环，进而调和中间色，可以得到二十四色相环、三十六色相环、各类色谱等，通过色相环可以轻松观察相邻色之间的色差（图5-3）。在室内陈设配色时，可以对比观察色相环，及时调整互补色、邻近色、同类色等色彩的使用。

所有色彩均有色相属性（黑白灰除外），也都是由原色、间色、复色组合而成。即便是同一色系，也能区分出不同色相，如红色可以分为深红、大红、朱红、橘红、玫红等。灰色与不同色彩调和，也能区分出多种不同色相，如红灰、橘灰、蓝灰、绿灰等。

2）纯度

色彩的纯度，也称饱和度、鲜艳度，指色彩的纯净程度，或颜色中含有色彩成分的比例，色彩成分比例越高，色彩的纯度越高，反之则纯度越低。自然界中三原色纯度最高，因此，颜色中所含三原色比例越高，则纯度越高。当

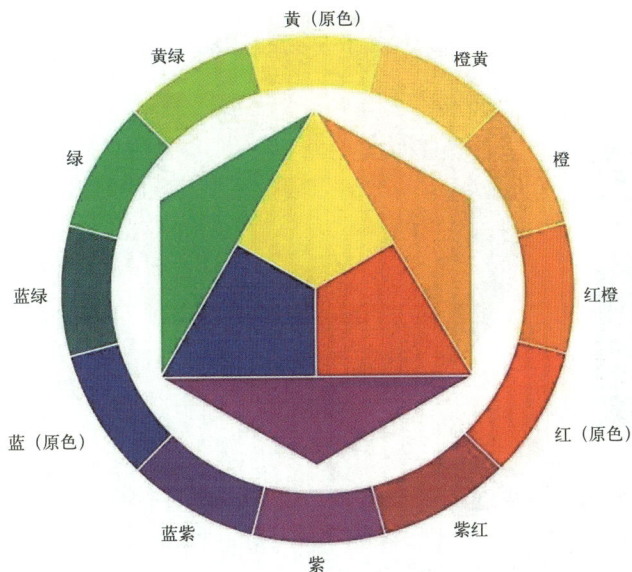

图 5-3　色环

某种色彩调入黑白灰或其他颜色时，纯度就会降低，调入的颜色达到一定比例时，色相也会随之发生改变（图 5-4）。

　　在室内陈设中，物体表面材质也会影响物体本身的纯度，如地板、茶几、花瓶等表面光滑的物体，光的反射作用将会使其看起来颜色更加鲜艳；而靠枕、窗帘、地毯等表面较为粗糙的物体则会因为光的漫反射作用，使其色彩的纯度降低（图 5-5）。这也印证了光源是人们感知色彩信息的重要依据这一理论。

　　3）明度

　　明度是指色彩的明暗程度。在无彩色系中，白色明度最高，黑色明度最低，两者之间不同程度的灰有着不同的明度。有彩色系的明度相对复杂一些，其色彩的明度主要表现在两个方面，一是同一色相中有不同明度，如蓝色加白则明度变高，加黑则明度变低（图 5-6）；二是不同色相之间明度的区别，一般来说，在十二色相环中，黄色明度最高，红、绿色次之，蓝、紫色明度最低（图 5-7）。同时，明度的变化往往伴随着纯度的变化，如黄色

图 5-4　纯度对比（左）
图 5-5　物体表面材质
　　　对本身纯度的影响
　　　（右）

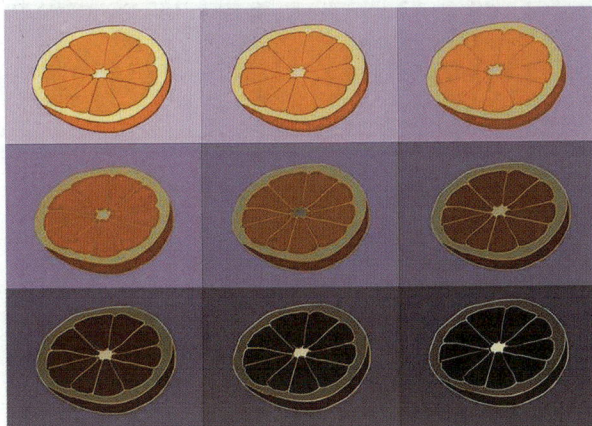

图5-6 同一色相明度
变化对比（左）
图5-7 不同色相明度
变化对比（右）

中调入黑色，明度降低的同时纯度也随之降低；又如蓝色中调入白色，明度提高的同时纯度却降低了。

明度在色彩三要素中最为特殊，肉眼可见的色彩均有明暗关系，明度可以在没有色相信息的前提下表现黑白灰的明暗关系，而颜色的色相和纯度则需要明度来表现，这也就是为什么新手在练习素描时需要时刻注意画面的明暗关系，这实际上是在提取颜色中的明度信息，因此，明度对最终呈现的画面效果作用很大。

在室内陈设设计中，除了颜色之外还应考虑有色光，室内照明灯具众多，颜色各不相同，如同色灯带的不同亮度会对室内陈设品产生不同明暗的影响；不同色灯带也会对同一色彩产生不同明度的影响（图5-8）。因此，室内陈设设计的色彩和照明灯具的选择使用，应综合考虑。

5.1.2 色彩在室内陈设设计中的分类

室内陈设设计中的色彩，主要表现在墙面、屋顶、地面、门、窗帘、家具、装饰品、灯具及照明等方面的运用。由于位置、面积、材质不同，展现的视觉效果也大不相同，因此，了解室内陈设中的色彩分类并合理配置，是成功配色的基础。

图5-8 色光对室内陈
设品的影响
（a）白光；
（b）蓝光

（a）

（b）

1. 主色调

室内陈设设计的主色调指室内色彩的总体倾向、总的视觉效果，在室内众多颜色中，以这种色调为主。一般室内较大物体所使用的颜色为主色调，如沙发、餐桌、床、衣柜、地面等。从空间类型来说，成熟稳重型空间一般采用深棕色、咖啡色作为主色调，搭配同色系浅色或米白色作配色（图5-9）；淡雅型空间则多以米白色、浅咖色作为主色调，配色也以茶色、浅白色、灰色为主；儿童使用的空间一般以色彩鲜艳的颜色为主色调，如粉红色、天蓝色等。从功能分区来说，书房、卧室是工作休息的地方，墙面、家具、照明多是暖色调；餐厅、卫生间是生活性空间，使用的家具、瓷砖、灯具色彩一般比较明亮鲜艳。

需要注意的是，夜晚灯具发出的色光，可以使各类室内陈设品带有统一的颜色倾向，对室内主色调具有较大的影响，如起居室选用蓝色或紫色的灯带，则显得极不合适，人们的视觉心理也会不舒服，因此，灯具和室内陈设品的选用要综合考虑。

2. 背景色

室内陈设设计的背景色主要是墙面、地面、屋顶的颜色，由于面积较大，一定程度上可以影响整个空间的色彩主色调，但这些部分并不是室内陈设设计的重点，因此，背景色的选用应充分考虑室内主色调的基调，一般多采用淡雅柔和的颜色或主色调同色系的颜色。

3. 配色

所谓配色，就是为了更好地衬托室内主色调，通过改变室内空间的环境氛围和舒适程度，使室内空间显得更加灵动、有生机。用于配色的物体通常体积较小，数量较多，是室内陈设设计的点睛之笔，如时钟、字画、靠垫、绿植、工艺品等（图5-10）。

室内陈设设计中配色的总体原则是选用与主色调存在较大色差的颜色，借此突出主色调，营造生动的视觉效果；如果配色与主色调颜色近似，色彩则会显得单调乏力。当然，配色的使用也与其搭配的主体有关，如果主体颜色足够鲜艳，配色也可选用与主体类似的颜色，营造稳定、温馨、柔和的视觉效果。

图5-9　成熟稳重型空间色彩搭配（左）
图5-10　配色之字画（右）

5.2 陈设艺术的色彩分析

餐饮空间大多是红橙色系的，商务空间大多都是蓝色或棕色系的，儿童房一般色彩鲜艳，老人房一般色彩深沉，那么，将这些颜色互换一下可以吗？

5.2.1 色彩的感情

色彩不仅有色相、纯度、明度这样的属性信息，还会使人产生不同的心理感知和联想。一般来说，不同颜色的感情成分不同，因此，带给人们的情绪和内心感受也不同，这些色彩感情和季节、气候、地域、个人的文化程度、生活环境、兴趣爱好等有关，下面我们介绍几种常见色带给人们的色彩感情。

1. 热情之红色

红色是色彩三原色之一，也是色谱中最热情奔放、积极向上的颜色，代表着喜庆、吉祥、热情、欢乐、醒目等（图5-11）。同色系的玫红色代表年轻浪漫，深红色代表低调华贵，正红色的标识牌则代表警示、危险。红色不宜用作室内主色调，以免产生过重的视觉负担。

2. 活力之黄色

黄色是色彩三原色之一，给人轻松明快、充满活力和希望的感觉，使人联想到太阳（图5-12）。在古代常与皇权联系在一起，代表至高无上。在室内陈设中，黄色往往能提亮整个空间的明度，而黄色系也是常用的暖色调，可以带给人温暖、舒适的感觉。

3. 永恒之蓝色

蓝色是色彩三原色之一，是永恒的象征，常常使人联想到广阔天空、大海以及浩瀚的宇宙，带给人冷静、理智、广阔、静谧、凉爽、忧郁的感觉（图5-13）。在室内陈设设计中，蓝色是地中海风格的主色调，蓝白相间的搭配给人耳目一新的感觉：如卫浴区使用蓝色系瓷砖，给人干净清爽的感觉；

图5-11 热情的红色（左）
图5-12 明快的黄色（右）

会客厅使用蓝色，也可显得宽敞、宁静。蓝色属于冷色调，一般不建议在厨房、餐厅或卧室中大面积使用。

图 5-13　清爽的蓝色（左）

图 5-14　舒适的绿色（右）

4. 和平之绿色

绿色是黄色和蓝色的间色，也是色光三原色之一（注意不是色彩三原色），被誉为生命的色彩，代表着和平、希望、生长、健康、环保、舒适、平静（图 5-14）。绿色是大自然的色彩，也是室内陈设不可或缺的色彩，主要用于配色，可以让人们在紧张的生活中慢慢舒缓、放松下来。

需要注意的是，绿色既不是冷色调也不是暖色调，它属于中性色，在室内陈设配色时，与蓝、黑搭配，会显得奢华冷艳，同时也会觉得压抑，不建议大面积使用；与暖黄、橙等暖色调搭配，则会给人生动的感觉。

5. 欢快之橙色

橙色是红色和黄色的间色，代表明亮、欢快、温暖、华丽，属于暖色系。在室内陈设中，橙色有增进食欲的效果，是餐厅的理想色彩（图 5-15）。同时，橙色欢快明亮，不易使人安静下来，一般不建议用于书房和卧室。

6. 神秘之紫色

紫色是红色和蓝色的间色，代表神秘、高贵、典雅、梦幻，偏女性化（图 5-16）。古代紫色亦极为尊贵，如紫禁城、紫薇星、紫气东来等，但在宫廷

图 5-15　明亮的橙色（左）

图 5-16　高贵的紫色（右）

装饰中却极少出现，这是因为大面积使用紫色会给人带来心理上的压抑感、紧迫感，因此，在室内陈设中一般作为配色出现，用于局部的点缀是个不错的选择。

7. 天真之粉红色

粉红色通常被认为是女性化的颜色，代表可爱、甜美、娇嫩、青春、恋爱、天真烂漫。在室内陈设中多用于女孩房间的主色调或体现在用来配色的陈设品上，如枕头、卡通工艺品、毛巾等（图5-17）。一般不会用于年长者或男性主要使用的空间。

8. 稳重之褐色

褐色与棕色、咖啡色、茶色属于同色系，代表稳重、平和、雅致、不俗、含蓄内敛。褐色中性偏暖，与大地颜色接近。在室内陈设中适合用于成熟男性房间和老人房，与灰色、白色、米色搭配组合，可以营造出沉稳、庄重、典雅、平和的气氛（图5-18）。

9. 富贵之金色

金色不是色谱中的颜色，它实际上是一种材质色或光源色，指表面光滑的黄色金属物所产生的视觉效果，通常金光闪闪，代表富贵、光明、至高无上。在室内陈设中一般用于灯具、陶瓷锦砖、装饰艺术品（图5-19）。

10. 简约之黑白灰

黑白灰属于无彩色系，代表简约、明快、时尚。灰色属于万能色，可以和多种颜色搭配组合。在室内陈设中黑色的使用要慎重，尽量不要大面积使用，避免带来沉重、压抑的感觉；白色可以在视觉上起到增大面积的效果，与原木色、米白色搭配，可使空间看起来整洁、舒适（图5-20）。

图 5-17 甜美的粉红色（上左）
图 5-18 稳重的褐色（上右）
图 5-19 富贵的金色（下左）
图 5-20 黑白简约风格（下右）

黑白两色搭配使用时，一定要注意使用比例、位置的协调，和有彩色系的有机组合，有助于营造出千变万化的情调。

5.2.2 室内陈设品的色彩心理学

自然界中客观存在着丰富的色彩，很多颜色先天就带有某些属性，如黄色的果实、绿色的植物、湛蓝色的天空和海洋、白色的云朵、褐色的大地等，很多色彩因为这些客观存在的对象的特有属性而带给人们不同的心理感受。

在室内陈设设计中，色彩具有较强的艺术表现力。大量室内陈设案例证明，通过不同色彩的搭配组合，可使使用人群产生显著的心理或情绪的变化。例如，现实生活中，餐饮空间使用橙黄色系来促进食欲；身心疲累的时候喜欢用绿色系来缓解压力；与天空同色的蓝色系则让人感到理性睿智；办公空间或男性、中老年人使用的空间多使用褐色系以显得广博沉稳。同理，不会使用蓝色系作为餐饮空间的主色调，也不会使用粉色作为办公空间的主色调。因此，学习色彩心理学，重点考虑不同空间和各类消费者对色彩不同的心理需求和感受，有针对性地进行色彩搭配，避免色彩表现出现偏差，对我们营造符合使用需求的空间至关重要。

1. 色彩的冷暖

色彩学中，根据人们对色彩的心理感受，将色彩分为冷色调、暖色调和中性色调。波长较长的红、橙、黄色系可以联想到的物体均具有温暖感（例如太阳），我们称之为暖色调；反之，波长较短的蓝、紫、绿色系可以联想到的物体大多具有寒冷感（例如海洋），我们称之为冷色调（图5-21）。

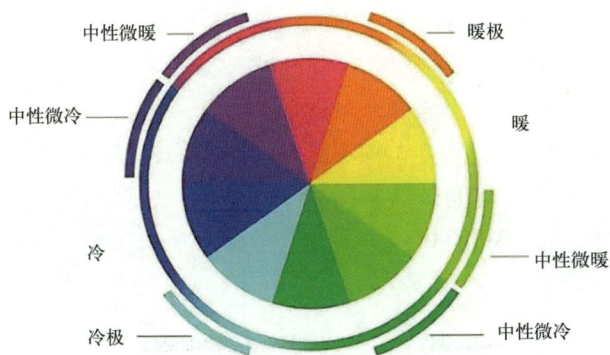

图 5-21 冷、暖色调

色彩的冷暖并没有严格的界定，很多时候是相对而言的。例如，色彩为同色系时，偏橙的红色给人温暖的感觉，偏紫的红色则给人冷的感觉；色彩为不同色系时，加入黄色较多的绿色给人温暖的感觉，偏蓝的黄色看起来是冷色。

上述人们对色彩冷暖的感知在室内陈设设计中需要特别注意并加以利用，因为这是整个空间带给人们的第一感觉。例如：办公空间的墙面为冷色调，冬季开了空调还是觉得有点冷，如果墙面漆换成偏暖的颜色，或者在墙上增加暖色的装饰画点缀，大家便觉得比之前暖和，整个过程室内温度并没有变化，

只是色彩中的暖色调发挥了作用，心理上感觉温暖了（图5-22、图5-23）。这些感觉虽然都是客观世界真实存在的，但却无法在物理世界得到有效验证，因为，这是色彩心理带给人们的视感知错觉，或者叫心理错觉。实际生活中，此类室内陈设冷暖感知的实例还有很多，本书不再一一列举。

图5-22 冷色调办公空间（左）
图5-23 暖色调办公空间（右）

2. 色彩的轻重

色彩的重量是指因为物体表面色彩不同，导致看上去轻重感觉不同的这种视觉效果。它并不是指实际重量，而是人们对事物的联想导致的。色彩的重量主要由明度决定，一般来说，明度高的颜色容易使人联想到白云、天空、薄纱、棉花、水雾等轻柔、飘浮、透明、上升、灵活的东西，所以一般感觉轻；而明度低的颜色则容易让人联想到沥青地面、石块、煤块、钢铁等稳定、坚硬、沉重、固定的东西，因此让人感觉重。我们将感觉轻的颜色称为轻感色，如白色、浅黄色、浅蓝色、浅绿色、浅红色等；而感觉重的颜色称为重感色，如深黄色、藏青色、黑色、褐色、深红色、深紫色等（图5-24、图5-25）。

在具体使用上，文化教育、医疗卫生、高精科技、轻纺等领域的室内陈设设计建议使用轻感色（图5-26、图5-27）；军事、铁路、石油、钢铁、煤炭、化工等领域的室内陈设设计则建议使用重感色（图5-28、图5-29）。又如：室内空间的顶棚部分一般选用白色、浅黄色等较明亮的轻感色，墙面颜色可适当加重，地面部分则多使用与大地同色的褐色、土黄色、深灰色等重感

图5-24 黄、蓝色轻重对比（左）
图5-25 青、褐色轻重对比（右）

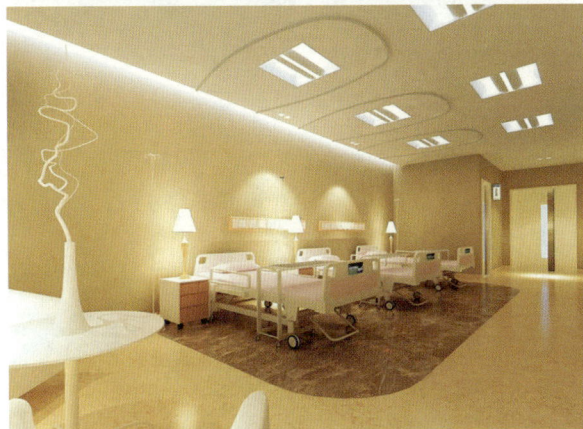

图 5-26 教室的色彩
轻重搭配（上左）
图 5-27 医院的色彩
轻重搭配（下左）
图 5-28 重感色空间
（上右）
图 5-29 某煤炭博物
馆的外墙颜色（下右）

色，这样搭配也符合自然界的色彩规律，反之，则会让人感到不舒服，产生头重脚轻的眩晕感。

物体表面材质对色彩的重量感知影响也是不容忽视的，在室内陈设艺术中，陈设品表面材质细密、坚硬、有光泽，会给人带来沉重感、收缩感，如杯子、花瓶、相框、艺术摆台和台灯等（图 5-30）；表面结构稀疏、松软则会给人带来轻快感、扩张感，如沙发靠垫、毛绒玩具、布艺挂画等（图 5-31）。

图 5-30 具有沉重感
的室内艺术摆台
（左）
图 5-31 具有轻快感
的毛绒玩具（右）

3.色彩的远近

同一视距条件下，不同色彩可以给人带来距离远近不同的心理感受，产生这样的感觉，与色彩本身的色相、纯度和明度属性有关。一般情况下，我们看到明度高、纯度高的颜色感觉距离近，明度低、纯度低的颜色感觉距离远。

色彩的远近是相对而言的，环境和背景的衬托对其影响巨大。在浅色背景下，明度低的颜色感觉近；在深色背景下，暖色系及明度高的颜色感觉近（图5-32）；在灰色背景下，纯度高的颜色感觉近；当背景色主色调不完全是纯色时，选择使用与背景色在色相环上相邻120°～180°的补色会使人感觉近，因为二者是强对比色。

前进　　　　　　　　　　　　后退

图5-32　色彩的进退对比

我们归纳为：暖色、明度高的颜色、纯度高的颜色、对比强烈的颜色近，反之则感觉较远。在室内陈设中，地板一般选用明度、纯度较低的颜色，因为感觉远而产生面积增大的视觉效果。

4.色彩的暗示

除了冷暖、重量和远近之外，色彩还可以给人带来心理上或情绪上的某些暗示，如有的色彩搭配使人感觉忧郁、有的使人感觉华丽、有的使人感觉兴奋、有的则能产生某种味觉。

色彩华丽与否主要取决于色相，其次才是纯度和明度，通常鲜艳而明亮的颜色给人带来华丽感，如金色、橙色、黄色、红色系的颜色，而深灰色、深蓝色等深沉和灰暗的颜色则给人带来朴素感。一般来说，有彩色系感觉华丽，无彩色系感觉朴素。同时，色彩华丽度跟色彩搭配关系很大，运用色相环中的补色组合比较华丽。在室内陈设中，为了增加富丽堂皇、金碧辉煌的感觉，金色、银色和暖黄色光的使用最为常见，金银装饰品也是不可或缺的。

所谓色彩的味觉，主要是指色相的差异，受不同的物体固有色影响而产生的味觉联想。红、橙、黄等明度较高的暖色感觉比较甜，联想到西瓜、甜橙、蛋糕、冰激凌等；绿色、柠檬黄、黄绿这类颜色一般感觉是酸味，联想到青柠、橘子、猕猴桃等；黑色、褐色这些颜色感觉比较苦，联想到

(a)   (b)

(c)   (d)

咖啡、中药等；大红、大绿这类纯度较高的颜色感觉比较辣，主要联想到
辣椒；灰绿色这类低纯度的颜色则会让人感觉有股酸涩的味道，主要联想
到未成熟的果实（图5-33）。

图 5-33　色彩的酸甜
　　　　苦辣
(a) 甜味；
(b) 酸味；
(c) 苦味；
(d) 辣味

5.3　室内陈设品的色彩配置

　　苍白的墙壁、必要的简单家具及生活用品早已不能满足现代人们日益提
升的审美品位和对生活空间的美好想象。《飞屋环游记》里那浪漫的彩色飞屋，
现实生活中咖啡厅、艺术馆里绚烂的色彩墙和装饰画，这些美好景象挑动着人
们的视觉神经，令人产生幸福感，让无数人为之心动、着迷、幻想。

　　在室内陈设设计中，选择一面或多面墙，配上合适的色彩，装上不同风
格、主题、材质的装饰画，点缀上相得益彰的陈设品，可以满足不同场所、不
同年龄、不同爱好的人们的内心诉求，也成为彰显生活格调，释放内心情感的
最佳出口。理想虽然美好，操作却不简单，对空间场所的定位，使用人群的心
理需求判断，墙面、家具、织物、工艺品、装饰画等与整体陈设风格如何协调
地融为一体，怎样搭配方能不落俗套，就需要设计者具有良好的美学、色彩心
理学、室内设计学等方面的功底。

5.3.1 室内陈设品的分类

室内陈设品主要包括：各类坐卧家具、灯具及室内照明、布艺织物、壁纸、绿植、工艺品等方面。通俗地讲，就是室内可移动的视觉元素。我们按功能分类，分别对这些元素进行讲解。

1. 家具

家具是维持正常生活、开展社会生产活动必不可少的器具设施，是建立工作、生活和休闲娱乐空间的重要基础。随着时代脚步的不断前进，如今家具门类繁多，用途不一，主要有坐卧类、桌台类等，如沙发、床榻、餐桌、办公桌、椅凳、斗柜等。

室内陈设空间家具建议根据整体风格或使用人群特点，来确定一种风格或同一个色调，防止色彩混乱，小件家具作一些整体色彩上的点缀，可以在整体统一的基调下增加灵动感（图5—34）。

2. 布艺织物

室内陈设设计中的布艺织物主要是：窗帘、布艺挂画、布面椅凳、布艺沙发、家具面套、床品、地毯、餐厨织物、贴墙布等，可以使建筑内部线条更加柔软，强化室内空间温馨舒适的氛围。它们的功能、使用位置、装饰效果不同，色彩组合搭配方式也不同，了解其功能特点，才能更好地使用这些布艺织物。

窗帘是使用空间广泛且室内面积较大的织物，主要用于调节光线、保护隐私、吸声降噪、保温隔热、室内装饰。床上用品是卧室色彩陈设的绝对主角，包括床单、被罩、枕头等，床品花色良多。除此之外，还有布艺沙发、桌布、抱枕、地毯、布艺装饰挂画等，在室内陈设设计中同样不可或缺（图5—35）。

3. 灯具

灯具主要包括顶灯、壁灯、筒灯、台灯等。室内陈设中的灯具配置主要考虑两个方面，一是功能性，二是自身的装饰性。空间的使用功能、照明要求不同，对灯具的选择也不同，办公空间一般采用造型简洁且明亮的白炽灯；居住空间一般选择造型多样且光线柔和的灯具，特别是室内主光源的灯具，应考虑到和整体风格的绝对统一，才能使整体室内软装呈现协调感；休闲娱乐空间

图 5—34 坐卧类家具
（左）

图 5—35 窗帘、布艺沙发和地毯（右）

则需要更多地考虑灯光的多样性，配合不同空间营造相应的主题氛围。在室内陈设设计中，还应考虑到灯具的色彩与自身材质之间的关系（图 5-36）。

4. 壁纸

壁纸也称墙纸，是一种用于裱糊墙面的室内装修材料，广泛用于住宅、办公室、酒店、餐厅等场所的室内装修。目前使用较多的壁纸有无纺布壁纸、3D 立体壁纸、PVC 壁纸等。壁纸的花纹千变万化，色彩丰富多样，有的富贵庄重、有的典雅大方、有的轻快活泼。壁纸既可用于室内整体铺贴，也可在特

(a)　(b)

(c)　(d)

(e)　(f)

图 5-36　各类室内灯具
(a) 办公空间灯具；
(b) 居住空间顶灯；
(c) 餐饮空间顶灯；
(d) 休闲娱乐空间灯具；
(e) 卧室灯具；
(f) 台灯

(a)　　　　　　　　　　　　　　　　　　　　(b)

定位置铺贴，因此，近些年的室内陈设中壁纸的使用率非常高。

　　由于壁纸一般处于视觉中心的位置且普遍面积较大，因此壁纸和室内陈设风格应高度统一，方能营造协调的视觉体验感（图5-37）。

　　5. 工艺品

　　工艺品指通过手工或机器用原料或半成品加工而成的有艺术价值的产品。工艺品来源于生活，却又创造了高于生活的价值，是人类智慧的结晶。在室内陈设品中，工艺品并非不可或缺，却是活跃室内氛围、提升空间档次的不二选择。没有工艺品的空间会让人觉得室内陈设没有层次感，缺乏灵动的韵味。主要用于室内陈设的工艺品有台面摆件、盘类、挂件等，使用的材料主要有玉石、陶瓷、木质、金属、塑料、水晶等（图5-38）。

　　6. 绿植

　　绿植是绿色观赏植物的简称，大多产生于热带雨林及亚热带地区，一般为阴生植物。因其耐阴性能强，可作为观赏植物在室内种植养护，起到净化空气、美化环境的作用。

　　绿植类室内陈设主要是从使用人群的个人喜好、年龄和实际空间等需求出发，将室内观赏植物、使用的器具和摆放位置配合整个室内环境进行设计、布置的过程，使室内外融为一体，体现动静结合，从而达到人、室内环境与大自然的和谐统一（图5-39、图5-40）。

　　室内常用绿植主要有：绿萝、巴西木、虎尾兰、散尾葵、吊兰等，广义的绿植，还包括鲜花、干花、绢花以及各种人造花等花艺。这些花艺绿植的摆放器皿主要有陶瓷瓶、玻璃瓶、藤条编织瓶、金属瓶、塑料瓶等。

　　7. 装饰画

　　装饰画是集美学欣赏和室内装饰功能于一体的艺术品。随着科技水平的进步与发展，装饰画的载体和表现形式也日渐丰富，形式上有国画、油画、木

图 5-37　各色壁纸及配套室内陈设风格

(a) 淡黄色壁纸；

(b) 淡蓝色壁纸

(a)

(b)

(c)

(d)

图 5-38　各类室内陈
　　设工艺品
（a）玉石工艺品；
（b）陶瓷工艺品；
（c）盘类工艺品；
（d）木质工艺品

图 5-39　某餐饮空间
　　绿植（左）
图 5-40　居室空间绿
　　植（右）

刻画、摄影作品等，材质上有实木框、金属框、树脂框和无边框等，其题材亦丰富多样。室内空间选用装饰画的首要原则是要与室内整体装修风格相一致，方能提升品位，增强空间灵动感（图 5-41）。不同风格空间常用装饰画类型见表 5-1。

(a)　　　　　　　　　　　　　　　　(b)

图 5—41　装饰画与室
内陈设品的搭配
(a) 灰色沙发与无边框
装饰画;
(b) 黑色沙发与黑边框
装饰画

不同风格空间常用装饰画类型　　　　　　　　　　表5—1

室内空间风格	常用装饰画类型及图案内容
中式风格	传统写意山水、花鸟鱼虫等国画、水彩画、带有传统民俗色彩的花泥画、剪纸画、木版画和绳结画
欧式风格	西方古典油画、肖像油画等
简欧风格	印象派油画、镶嵌画、丙烯画、玻璃画、古朴典雅型挂毯、现代时尚类摄影
田园风格	清新、干净的花卉类油画
现代风格	印象派、抽象类油画
后现代风格	极简的黑与白画、抽象化的个人形象海报、艺术照片、老照片、富有生活气息的照片等

　　一般情况下，装饰画中最好能有一些墙面颜色的补色作为点缀。即在色彩环上，与墙面颜色相差180°位置的颜色，如蓝色与橙色、紫色与黄色、红色与绿色等（可参看图 5-2、图 5-21）。适量补色能有效缓解视觉接受大面积同色系的颜色而产生的视觉疲劳。可以尝试一下，长时间盯着一块红布，然后闭上眼睛再睁开，再看白色墙面，就会感觉墙面是绿色的。这是因为人的眼睛为了获得视觉上的平衡，需要产生一种补色作为调剂（图 5-42）。

5.3.2　不同风格下室内陈设品的色彩配置

1. 中式风格配色方案

　　中式风格的室内陈设品一般以木材、羊皮、布艺、棉麻、陶瓷、石材、流苏为主，采用榫卯结构和造型比较复杂的雕花纹理，搭配龙凤、回纹、云海、山水等图案，营造古色古香的韵味，色彩多以原木色、胡桃色、深咖色、枣红色为主，点缀少量红色、黄色（图 5-43）。

图 5-42　补色装饰画（左）

图 5-43　中式风格配色方案（右）

【胡桃色＋米咖色】

对称的空间布局中，中规中矩的家具陈设，彰显了中式风格的庄重大方，与墙面上三幅山水画和绿植的有机结合，使空间显得沉稳大气而不单调。

2. 新中式风格配色方案

新中式风格是对中式风格中的传统元素符号进行提取，融入现代生活理念后进行造型结合，彰显简约、优雅、庄重的生活品质，材料上融入更多新品种，如金属、人造板材等。色彩上也不再局限于大地色系、咖色系，最常见的是无彩色、自然色等，如浅木色、米白色、红色、青色，甚至是黑色（图 5-44）。

【黑色＋烟灰白】

以当代室内空间艺术表现手法重新演绎中式风格，带有回纹的吊顶装饰线、明代风格的座椅等传统元素，与灰色系的窗帘、地面和富有光影变化的墙面遥相呼应，极大地提升了空间品质，彰显着现代生活中的传统文化诗意。

3. 简约风格配色方案

这种风格是 20 世纪 60 年代兴起的，主张"少就是多"，提倡简约而不简单，精心设计后达到精简的效果，通常棱角分明、简洁干净。通过灯光、色彩、造型的结合，达到美观、实用、朴实无华的效果。因此，从材质到色彩均被简化到最少。装饰画除画面抽象、简洁外，画框通常采用无边框或窄边框。图案常用简单线条或素雅的单色（图 5-45）。常用色有黑色、白色、灰色、米白色和原木色。此外，根据不同空间使用需求，色彩明亮的家具、工艺品也比较常见。

图 5-44　新中式风格配色方案（左）

图 5-45　简约风格配色方案（右）

【灰色系 + 米色系】

整体采用经典黑白灰配色方案，突显冷灰色系的格调。线条感明显的硬装和圆形茶几、柔软沙发的搭配，使空间柔和不生硬，整个空间没有使用过多的色彩，通过米白色系、灰色系和简单的光影组合，彰显主人淡泊平和的心境。

4.现代风格配色方案

这种风格是工业社会的产物，起源于现代设计学派——包豪斯，产品设计元素简约、精致，主体材料开始尝试使用塑料、金属、亚克力、玻璃、皮革、铁艺、亮片等。造型具有时代感，一般使用规则几何形排列或抽象艺术来表现。色彩呈现多元化趋势，无彩色系、金属原色可展现冷峻、严肃；鲜艳的红色、绿色、黄色则可展现个性、明快。由于各类家具、灯饰、织物等特色鲜明，因此壁纸主要采用明度和纯度较低的色彩。同时，受物体自身材质影响，色彩普遍感觉有收缩感、沉重感（图5-46）。

【水泥灰 + 黑色 + 棕色】

利用黑色利落的线条形成墙面与地面的硬装图案，同时在软装上选择无棱角的圆形茶几，避免坚硬的克制感；黑白相间的装饰画、靠枕和地毯相互呼应；水晶吊灯和茶几的镜面产生的光影为空间增加一股灵动之美，整个空间看起来整齐、干练。

5.欧式风格配色方案

这种风格主要来自德国、意大利、奥地利等欧洲国家，家具体量普遍较大且造型繁复华丽、雕刻复杂、装饰奢华，表面喜欢使用镀金银、铜饰。色彩上使用分为三类：一是金色；二是白色、米色；三是咖色系、棕色、绛红色、深紫色等。软体家具一般使用皮革或布艺，布艺色彩普遍华丽庄重。装饰画主要选用油画。灯具的材料上主要使用铁艺、铜制品、树脂，色彩华贵，营造雍容华贵、富丽堂皇的气派，色彩上主要使用鎏金、银、铜、浅黄色系（图5-47）。

【米黄色 + 浅咖啡色 + 白色】

大地色系是欧式配色方案中最经典的颜色，米黄色、咖色、白色、香槟金色等众多同色系形成了丰富的视觉变化；玻璃器皿、墙面和灯具遥相呼应；整体带给人一种温暖、富丽堂皇的感觉。

图5-46 现代风格配色方案（左）

图5-47 欧式风格配色方案（右）

图 5-48　北欧风格配色方案（左）

图 5-49　法式风格配色方案（右）

6. 北欧风格配色方案

这种风格主要来自丹麦、瑞典、芬兰的设计，家具一般使用木材，和布艺搭配，几乎不做任何造型，尽量保持该材质本身的质感。整体色调以纯度较低的浅色系为主，如亚麻色、浅木色、浅灰色、白色等。灯具、布艺上还使用纯净舒适的粉、天蓝、绿等色彩（图 5-48）。

【白色＋胡桃色＋原木色】

以白色、原木色作为主色调，贯穿了整个空间，从灯具、柜子、餐桌到地面，原始的色彩、朴素的质感使空间更加贴近自然，圆角设计的茶几、餐桌搭配布艺柔软的沙发，整体给人慵懒、舒适的居住感觉。

7. 法式风格配色方案

法式风格指的是以法国为代表的建筑和室内陈设风格，主要包括新古典风格、巴洛克风格和洛可可风格。法式室内陈设一般与建筑室外装饰风格一致，推崇浪漫、优雅、诗意的感觉，体量比较厚重。造型通常比较复杂，室内布艺常用烫金、烫银、蕾丝等材料，色彩在硬装上喜欢采用金色、象牙白色，软装上一般采用蓝色、金色、银色、卡其色、紫色、红色等具有宫廷色彩的颜色。灯光一般使用柔和光线（图 5-49）。

图 5-50　美式风格配色方案

【淡蓝色＋白色＋金色】

欧式古典的样式搭配淡蓝色、金色的色调，形成法式风格独有的色彩搭配，整体色调呈淡淡的冷色系，富丽的装饰风格下显得清爽舒适；家具的主色调蓝色搭配一抹玫红色的花，增加了冷艳的氛围，与绿色的地毯一道彰显着主人不俗的品位。

8. 美式风格配色方案

这种风格源自美国，主要有现代美式风格和美式乡村风格两种。家具配色上主要采用古铜色系、大地色系、绿色系，其他装饰品色彩比较丰富，常见红色、黄色、褐色、绿色以及典型的红蓝组合（图 5-50）。

【红色＋蓝色＋咖色】

这是一个经典美式风格的儿童房，红蓝咖强对比搭配，凸显了室内风格。深浅蓝色条纹墙面，使空间看起来很硬朗、有线条感；床头、衣柜和书桌统一的造型设计增强了室内的整体感；床尾两个素色布娃娃给整体空间增加了童趣。

9. 东南亚风格配色方案

东南亚风格源自泰国、印度等国，是一种结合了东南亚民族特色、热带雨林特色的建筑室内外装饰设计方式。家具广泛地运用木材和其他的南方天然原材料，如藤条、竹子、椰壳、砂岩、铜等。主色调多为深褐色系，布艺品多用鲜艳明亮的颜色，东南亚风格的灯具常见深咖色系，搭配米白色（图5-51）。

【枯叶黄＋暗红色＋浅咖色】

使用正负形原理设计背景墙面硬装，用缓和的黄色灯带和暗红色窗帘对墙面轮廓进行勾勒，充满了泰式风情和异国民族韵味；墙面、隔断以及灯具的造型也极具民族风；室内整体使用木质家具和地板，搭配昏暗的灯光，带来温润如玉般的视觉享受。

10. 地中海风格配色方案

地中海风格也叫海洋风格，泛指地中海沿岸国家特有的陈设风格。很多颜色取材于自然界，如蔚蓝的海岸线、白色沙滩、各色贝壳等。地中海经典配色有蓝白色系、蓝黄色系、红褐色系。布艺品一般使用海洋类图案、小碎花、格子或条纹图案，地中海风格的灯具以各种蓝色最为常见（图5-52）。

图5-51　东南亚风格配色方案（上）
(a) 东南亚风格大堂陈设设计；
(b) 东南亚风格室内陈设设计
图5-52　地中海风格配色方案（下左）
图5-53　田园风格配色方案（下右）

(a)

(b)

【米黄色＋淡蓝色＋白色】

这是地中海风格的经典配色，给人一种宛若置身海洋的感觉。柔和舒适的米黄色墙面和大理石地面温馨舒适，淡蓝色的门框、窗帘以及墙面上的蓝色领航舵诠释了宁静深邃的海洋风格。布艺灰白格子沙发大胆而自信，与空间内其他色块形成了鲜明的对比。

11. 田园风格配色方案

顾名思义，田园风格崇尚贴近自然，表现悠闲、舒适、随性的生活氛围。常见材料是各种实木、棉麻材料。图案常见小碎花、花草纹等，色彩主要表现为浅白色系，加之绿色、粉色、红色、黄色、蓝色点缀，塑造清新宜人、天然舒适的感觉（图5—53）。

【绿色＋米色＋白色】

绿色是舒缓安静的颜色，有休闲、放松的气质，床头墨绿色墙纸搭配淡绿色碎花纹路窗帘，呈现出明显的田园风主题，米黄色壁纸、窗帘和床品等多处使用花纹图案，赋予空间清新明快、悠然自得的氛围。

本单元针对室内陈设品的色彩感情、色彩心理学、室内陈设品的品类和各种陈设风格进行了介绍，通过各种色彩情感的认知，使大家对色彩心理学有了初步的认识和理解，并将这些色彩知识引入室内陈设品和室内陈设色彩配置中去。

【思考与练习】

1. 色彩包含有哪些基本要素？试着分析它们之间的关系。

2. 室内陈设设计中色彩分为哪三类？

3. 简述常见色相应的色彩感情特点。

4. 色彩可以给人带来哪些心理上的影响？

5. 试分析中式风格和新中式风格的室内陈设品在配色上的异同点。

单元 6　室内陈设设计的基本元素

【教学目标】

1. 熟悉室内陈设设计的基本元素；

2. 了解家具陈设、灯具陈设、纺织品陈设、艺术品陈设、植物陈设的类型与特性；

3. 掌握室内陈设元素的选择及陈设要点；

4. 能够将室内陈设元素合理地运用到设计中。

6.1　家具陈设

6.1.1　家具的类型

家具是室内主要的陈设用品，也是实用性的功能物品。家具是室内陈设设计中面积最大的组成元素，因此，往往根据家具的风格对室内设计的整体风格基调进行塑造。家具根据用途可分为沙发类家具、桌几类家具、椅凳类家具、床类家具、柜类家具等。

1. 沙发类家具

沙发作为室内陈设设计中最重要的家具，在功能和外形上对整个客厅空间风格有至关重要的影响，沙发的选择与配置是陈设设计时需要考虑的重点元素。

从材质上分，常见的有皮质沙发、布艺沙发、木质沙发、藤制沙发等几类。

1）皮质沙发

皮质沙发一般是指用动物皮加工而成的皮革制作的沙发，很多皮质沙发并不是全皮，通常与人体接触的部位为天然皮革，其余部分是与天然皮革颜色非常接近的人造皮革。相对于其他材质沙发来说，皮质沙发更加柔软透气、触感更好。由于皮质沙发通常体积较大、外形厚重，因此比较适宜陈设在面积较大的客厅（图6-1）。

图6-1　皮质沙发

图 6-2 布艺沙发(左)
图 6-3 木质沙发(右)

2）布艺沙发

布艺沙发是最常见、应用最广的沙发，具有舒适自然、清洗方便等优点，可以随意更换不同花色、不同风格的沙发套，容易令人体会家居放松的感觉。布艺沙发可以根据布料的差异配合不同风格的室内陈设设计，现代简约、田园、新中式，甚至混搭风格都可以选用布艺沙发（图 6-2）。

3）木质沙发

木质沙发，特别是实木沙发给人感觉比较高档。但通常情况下，木头中如果含有甲醛，是很难挥发的，因此木质沙发最好是选择实木的材料。在陈设中要考虑木头含水量的因素，实木沙发如果放在潮湿的地方，容易发生变形，木质沙发也不宜靠近散热器、取暖器等设备（图 6-3）。

4）藤制沙发

藤制沙发的优点是色泽天然、通风透气性能好，给人一种自然淳朴的感觉，又典雅别致充满情趣，集观赏性和实用性于一体，既符合环保要求，又能营造出浓厚的文化气息。藤制沙发的陈设和选择要将室内的整体设计风格进行考量，过于繁复、过于现代的家居风格与藤质沙发不太匹配（图 6-4）。

2. 桌几类家具

桌几类家具主要包括餐桌、书桌、茶几、边几等类型，餐桌、书桌是实用型的陈设家具，在选择和布置时要注重风格的一致性，茶几、边几作为客厅空间的配角，在居家空间中起到点缀的作用。

图 6-4　藤制沙发

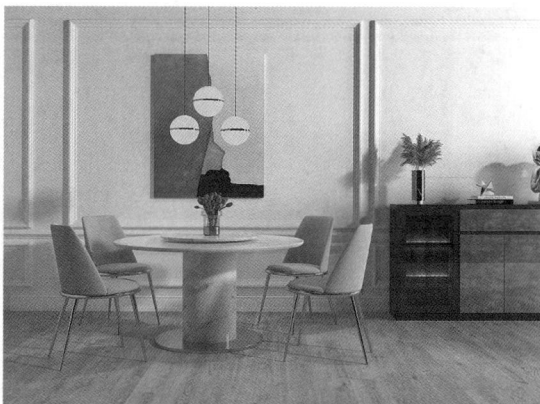

图 6-5 方形餐桌(左)
图 6-6 圆形餐桌(右)

1）餐桌类型

常见的餐桌类型有方形餐桌、圆形餐桌、吧台式餐桌、伸展式餐桌等。

方形餐桌是较为常见的形式，比较符合多数居家空间的形状，能够使空间的利用率最大化（图 6-5）。

圆形餐桌便于用餐者相互间的交流，可以根据使用者的人数灵活挪动位置，在中式传统风格的空间设计中较为常见，具有圆满和谐的美好寓意（图 6-6）。

吧台式餐桌一般设置在有开放式厨房的居家空间中，吧台充当餐桌的同时，还可以营造富有情调、休闲的小角落，增加空间的实用性（图 6-7）。

伸展式餐桌可以满足少人和多人就餐需求，特别适用于面积较小的居家空间。普通桌面可以容纳 2 ~ 4 人就餐，当有客人来时，打开桌子的伸展板，可以变形为多人就餐的长餐桌（图 6-8）。

图 6-7 吧台式餐桌
（左）
图 6-8 伸展式餐桌
（右）

2）书桌类型

书桌是人们学习和工作不可缺少的家具之一，常见的书桌类型有单人书桌、双人书桌、现场制作书桌、组合式书桌等。不管是哪种类型的书桌，依据人体工程学的相关知识，书桌的高度一般应为 75 ~ 80cm，此外考虑到腿部运动的位置，桌子下面的净高度不得小于 58cm，宽度尺寸可以根据使用和家居

空间的实际情况确定。现场制作的书
桌尤其适用于小空间，利用阳台、飘
窗等角落空间，还可以在靠墙处，悬
挑一块台面板代替书桌的功能。组合
式书桌一般集合了书桌与书架两种
家具的功能，具有强大的收纳功能
（图6-9）。

3）茶几类型

茶几的造型和材质多种多样，造
型一般分为方形和圆形，材质通常有
玻璃、实木、大理石、藤艺等。

图6-9　组合式书桌

方形茶几的台面利用面积大，比较实用，适合中式风格、欧式风格、美
式风格的家居（图6-10）；圆形茶几小巧灵动，利于休闲氛围的营造，适合北
欧风格、现代简约风格的家居（图6-11）。

图6-10　方形茶几(左)
图6-11　圆形茶几(右)

玻璃茶几空间视觉效果比较好，富有立体感，适用于现代简约空间
（图6-12）；普通的实木茶几适合和浅淡色泽的布艺沙发搭配，雕花或拼花的
实木茶几富丽华美，适用于古典风格的空间中；大理石茶几色泽、材质丰富，
纹理美观，根据颜色搭配不同的风格，比如黄色大理石茶几可搭配欧式风格，
白色大理石茶几映衬田园风格（图6-13）；藤艺茶几造型多变，既能表现出自
然的气息，又富有艺术性，一般需要配合成套的家具使用。

3. 椅凳类家具

椅凳类家具造型丰富、材质多变，按照使用功能主要可分为单人椅、餐
椅、吧椅、床尾凳、玄关凳等几种类型。

工业革命以来，设计史上出现了很多经典的单人椅款式，比如：瓦西里
椅、伊姆斯椅、潘顿椅（图6-14）、孔雀椅（图6-15）等。单人椅因椅背造

图 6—12　玻璃茶几（左）
图 6—13　大理石茶几
　　　　　（右）

图 6—14　潘顿椅（左）
图 6—15　孔雀椅（右）

茶几类与椅凳类家具

型的不同，在空间的运用上有不同的用途，高背式的单人椅适合居家使用，能传递出休闲轻松的居家氛围，色彩对比强烈的流线型单人椅，具有强烈的视觉美感，很适合工作室、美术室等空间。

4. 床类家具

床类家具是卧室空间占据面积最大的陈设品，卧室中其他家具的设置和摆放都是围绕床而展开的，床的选择关系到整个空间的风格，是卧室设计的重中之重。常见的类型有板式床、铁艺床、地台床、雪橇床等。

板式床是指采用人造板，使用五金件连接而成的家具，一般款式简洁，床头简约，节省空间。颜色和质地变化较多，主要依靠贴面材质的效果，给人以不同的感受，比较适合小居室（图 6—16）。

铁艺床最早出现于 18 世纪中后期的欧洲，发展至今，依然是田园风格或复古风格家居空间的理想之选。铁艺床以牢固的材料加工制作，最大的优点是能减少室内环境的污染（图 6—17）。

地台床的灵感来自日本的榻榻米，适宜于空间狭小、宽度比较窄的房间，能够最大限度地利用空间。地台床对床垫的大小没有太大的约束，地台床的基础最好选用实木材料（图 6—18）。

雪橇床起源于法国，重在表现床头靠背与床尾板的优美弧线，床头靠背依照人体背部曲线设计，让睡前依靠阅读变得更加舒适，是古典风格、乡村风格的室内空间常用的经典床型之一，能呈现出美丽雅致的风格（图 6—19）。

图 6-16　板式床（左）
图 6-17　铁艺床（右）

图 6-18　地台床（左）
图 6-19　雪橇床（右）

5. 柜类家具

柜类家具是陈设设计的重要配饰之一，既可以作背景、也可以作焦点，既有功能性、也有装饰性，如果空间中有华丽的主角家具，可以选择相似或无色彩倾向的柜子进行搭配，如果主体家具低调内敛，可选择有设计感、色彩强烈的柜子进行点缀。常见的柜子类型有电视柜、玄关柜、餐边柜、床头柜、衣柜等。

床类与柜类家具

电视柜是客厅陈设不可或缺的部分，在风格上要与空间内的其他陈设保持协调一致。电视柜尺寸应结合空间尺度和电视机的大小来决定，与电视墙的搭配要和谐。电视柜造型丰富，较为常见的是矮柜式电视柜（图 6-20）；和酒柜、装饰柜、地柜等组合在一起，具有更实用的收纳功能的组合式电视柜（图 6-21）；能够划分空间，又与空间融为一体的隔断式电视柜。

玄关柜在装饰中发挥着画龙点睛的作用，功能十分强大，具有很好的装饰作用。从功能上可以分为入户玄关柜、过道玄关柜与客厅玄关柜。入户玄关

图 6-20　矮柜式电视
　　　　柜（左）
图 6-21　组合式电视
　　　　柜（右）

图 6-22　玄关柜（左）
图 6-23　餐边柜（右）

柜具有放置鞋子、储存箱包等物品的功能，通常设置在入口的一侧，不建议选择顶天立地的款式，上下断层的造型比较实用。过道玄关柜不以收纳为主要功能，一般设置在过道尽头的空间，搭配挂画、摆件、画框等装饰，塑造曲径通幽的意境。客厅玄关柜又可以称为隔厅柜，一柜多用，既有分隔空间的作用，又具备一定的储存功能，可以搭配放置一些装饰物或书籍（图 6-22）。

餐边柜具有较大的储物空间，主要放置各种小物件，方便日常存取，一般选择与餐桌同款配套，或与餐桌的材质和颜色相近的餐边柜，柜面上搭配适量的摆件，形成餐厅空间赏心悦目的风景（图 6-23）。

床头柜方便放置日常物品，点缀、装饰卧室空间。可根据实际需要选择床头柜，如果放置物品不多，可选择不占空间的单层床头柜，如果需要摆放很多物品，可选择带多个陈列格的床头柜。此外，床头柜的风格要与卧室相统一，最好再搭配同风格的台灯，配以简单的插花作品，使卧室空间更加温馨、舒适（图 6-24）。

衣柜是卧室中体量较大的一种家具，衣柜的陈设不但能够增加储物功能，还可以促进卧室空间的合理分配。常见的衣柜形式有嵌入式、成品式、隔断式等。嵌入式衣柜可以使衣柜和房间成为一个整体，一般需要根据墙体和空间的尺寸进行定制，能够最大限度地利用卧室空间，体现最大的收纳优势。成品式衣柜的材料、款式、造型丰富多样，可直接购买，也可根据需求定做，移动灵活，容易和卧室的床、床头柜等家具保持一致的风格（图 6-25）。隔断式衣柜既能储存衣物，又能分割区域，既有功能性，又有装饰性。

图 6-24　床头柜（左）
图 6-25　成品式衣柜（右）

6.1.2 家具陈设设计要点

1. 整体风格定位

家具陈设设计首先要对室内的功能、装饰效果进行整体规划，应该依据整体空间的风格进行定位，每一件家具都是整体环境的有机组成部分，缺乏整体风格定位的家具陈设，从局部效果，或单个细节来看或许是不错的，但整体上往往难以融合。如果把室内装饰比作一场情节紧凑的戏剧，那么硬装饰就是舞台，家具陈设元素是整部戏剧的主角，起着烘托整体气氛、与其他陈设元素搭配、营造丰富戏剧效果的作用（图6—26）。

图6—26　风格定位

2. 明确家具尺寸

室内陈设设计时，应明确家具的尺寸大小。客厅陈设设计时，需先摆放好沙发的位置，这样便于确定电视机的位置，一般电视墙距离沙发3m左右，同时应根据沙发的高度确定壁挂电视机高低，减少观影时的疲劳。一般情况下，沙发是靠墙陈设，因此，在选购沙发时，尺寸应依照墙的宽度来选择，占据墙面的2/3最为适宜，在视觉上能达到最舒服的空间整体比例。特别是面积较小的空间中，满墙布置的沙发，不但会影响居住者行走动线，还会造成视觉的压迫感。

餐桌与餐厅的空间比例要适中，餐桌大小不要超过餐厅的1/3，要留出人员走动的动线空间，造型主要取决于使用者的需求和喜好，以及与整体家居风格的协调一致。居中摆设的餐桌，在考虑尺寸的同时，还要兼顾餐桌离墙的距离，为方便把椅子拉出和就餐活动，一般最少要距离80cm。靠墙摆设的布置方式虽然少了一面摆放座椅的位置，但是可以最大化地节省空间，对于两口之家或三口之家来说，是个不错的陈设形式。如果厨房有足够的宽度，可以考虑使用折叠型餐桌摆设在厨房中，选择靠墙的角落来放置，既节省空间又能利用墙面扩展收纳空间，摆设在厨房中的餐桌，还可以当成临时的操作台。

书桌的陈设既要考虑灯光的角度，还要兼顾避免电脑屏幕的眩光，很多房间都有窗户，在空间允许的情况下，把书桌摆设在侧对窗户位置是最佳方案，人坐的方向侧向或者背向窗户光源，更符合阅读和办公需求。一些小型书房中，靠墙的书桌陈设形式能够节省空间，由于桌面的宽度一般是60cm，坐在椅子上的人，脚一抬就会踢到墙面，比较容易把墙面弄脏，在设计时应考虑对墙面的保护，可以给桌子加个背板，或者把踢脚板加高。面积大的书房中，通常会把书桌居中陈设放置，显得大方得体。在设计中应考虑插座、网络接口等问题，如果插口在离书桌较近的墙面上，可以在书桌下方铺设地毯，接线从地毯下面穿过；如果做地插，应尽量放在脚不易碰到的地方。

茶几的尺寸选择与搭配要以沙发等家具为参照，茶几的桌面高度要等于或略低于沙发扶手的高度，茶几的长度为沙发的 5/7 ~ 3/4 较为适宜。在陈设设计中，除了要考虑茶几的尺寸和风格外，还要注意动线的流畅，茶几与墙壁间要留出 90cm 以上的走道宽度，与主沙发之间要保留 35 ~ 45cm 的距离。

3. 确定家具核心

家具在室内占地面积通常可达到 30% ~ 45%，是陈设元素中最为重要的一部分。在室内空间中的生活、工作、学习，可以说每一个细节都与家具有关。家具陈设应以必选类家具作为核心，再选择其他类型的陈设元素进行搭配，这样更利于明确空间功能及装饰效果，便于形成室内陈设的基本格局。

4. 协调色彩搭配

室内空间中，除了墙面、地面、顶面之外，数家具的颜色面积最大，家具色彩搭配至关重要。家具色彩搭配通常分为同类色搭配与对比色搭配两种方法，同类色搭配在色彩的明度或纯度上加以变化，容易取得协调、和谐的视觉效果。对比色搭配在使用时要注意同一空间的主色调不要超过三种，为避免颜色杂乱，使用黑白灰进行调节，为达到协调的效果，要调整颜色之间的明度比例。

5. 注重空间比例

根据室内空间的大小、高度来确定家具陈设规格，这一点关系到空间感受，必须在家具陈设中予以重视。一般来说，空间的大小、高度与家具的大小及高度成正比，否则会让人感觉过于拥挤或空旷，不但会破坏空间的整体协调性，还让家具陈设元素失去了装饰空间的作用。

6.2 灯具陈设

灯具是陈设设计中不可或缺的一部分，灯具的功能由最初单一的实用性变为现在的实用性和装饰性为一体。在陈设设计中，除了遵循灯具设计的功能外，还应注重灯具的照明方式、造型、材质和风格与整体环境的一致性。

6.2.1 灯具的分类

1. 按灯具的造型分类

灯具按照造型可分为吊灯、吸顶灯、落地灯、壁灯、台灯、工艺蜡烛等，按照灯具的造型分类在单元一中有详细的讲解，在本节中不再一一赘述。

2. 按灯具的材质分类

灯具按照材质可分为水晶灯、金属灯、羊皮灯、玻璃灯、纸灯、布艺灯、贝壳灯等几种类型。

第一单元内容

1）水晶灯

用水晶为主料设计制作的灯饰，外表光芒闪耀、晶莹剔透，效果华贵梦幻、唯美浪漫。由于天然水晶造价昂贵，因此市面上多为人造水晶的灯饰。水晶灯往往不只采用水晶一种材料，而是与金属灯架、蜡烛形灯头或布艺灯罩、人造水晶或石英坠饰等共同构成（图6-27）。

图 6-27 水晶灯（左）
图 6-28 金属灯（右）

2）金属灯

以不锈钢、铜（黄铜、青铜、紫铜）、铁艺等作为主要材质的灯饰，不同的金属材质，呈现出的视觉效果存在着明显的差异（图 6-28）。

铜灯使用寿命长久，分为紫铜和黄铜两种。目前，吸取了古典灯具及艺术元素的欧式铜灯是主流，采用现代工艺制作，点缀精致的图案和花纹，在欧式风格的陈设设计中非常多见。美式铜灯以简洁明快的枝形灯、单锅灯为主，灯饰的形状、色彩和细节力求体现出历史的沧桑感。

铁艺灯起源于西方，最早是用铁艺做成灯饰外壳的烛台灯，随着灯泡的出现和工艺的发展，形成多种造型和色彩的铁艺灯。铁艺制作的鸟笼造型灯饰比较常见，是美式风格和新中式风格中比较常用的元素，给整个空间增添悠闲、自然的氛围。

3）羊皮灯

以羊皮为主要材料制作的灯饰，在中式风格的室内陈设中较常见。因为羊皮具有皮薄、透光较好等特点，所以从古至今都被用来制作灯饰的灯罩部分。在技术工艺发达的今天，羊皮灯有各种各样的设计造型和艺术效果，用来满足不同的陈设搭配的需要（图 6-29）。

多种多样的灯具

图 6-29 羊皮灯

图 6-30 彩色玻璃灯
（左）
图 6-31 现代风格的
玻璃灯饰（右）

4）玻璃灯

以玻璃为主要灯罩材质制作而成的灯饰。分为以古典风格为代表的彩色玻璃灯和现代风格的玻璃灯饰。彩色玻璃灯的灯罩是用大量彩色玻璃拼接起来的，光源隐藏在玻璃后，透过玻璃展现出五光十色、斑斓美丽的色彩，非常漂亮，搭配欧美古典风格的室内陈设，更衬托出优雅、不凡的艺术品位（图6-30）。

现代风格的玻璃灯饰，则是以普通平板玻璃、各种装饰玻璃、磨砂玻璃等不同的玻璃材料，经过现代化造型的设计，加工出来的具有时尚感装饰效果的灯饰。这种灯饰一般具有流线简洁、造型多变的特征（图6-31）。

5）纸灯

以纸为主要材料制作成的灯饰，往往指的是灯罩部位用纸加工而成。具有环保、轻便、价廉、造型多样的特征。缺点是不易打理、不耐潮湿和火烫、坚固性不够等。纸面的灯罩可以营造出朦胧又梦幻的氛围，常用于一些追求简约化设计，或带有明确地方特色的室内陈设中（图6-32）。

图 6-32 纸灯

图 6-33 木质灯（左）
图 6-34 陶瓷灯（右）

6）其他材质的灯饰

除了以上几种常见的材质之外，还有贝壳灯、布艺灯、木质灯（图 6-33）、陶瓷灯、塑料（PVC）灯等。造型多样、璀璨生辉的贝壳灯，可以搭配多种多样的空间效果。陶瓷灯较为少见，它的表面光洁，特别是釉面层温润如玉，能给居室空间带来洁净、大方的装饰效果（图 6-34）。

6.2.2 灯具陈设设计要点

不同的灯具和照明技术组合，可以使室内空间产生不同的氛围，甚至一盏普通的台灯，都将对房间的气氛产生深刻的影响，合理的灯具陈设在空间设计中起着至关重要的作用。

1. 整体统一搭配

灯具的搭配应尽量做到款式、材料的统一，若是两个台灯的组合，可考虑选用同款，形成平行对称；落地灯和台灯组合，最好是同样的材质和色彩，造型上可以稍作差异变化，形成整体统一、层次丰富的设计效果。

2. 风格相互统一

在较大的空间中，如果需要搭配多种灯具，应考虑风格统一的问题，避免各类灯具之间在造型上互相冲突，即使想要做一些对比和变化，也要通过色彩或材质将两种灯具和谐起来。

3. 悬挂高度合理

灯具的选择除了要考虑材质、造型和色彩外，还要结合悬挂位置的空间高度、大小等因素。一般来说，较高的空间，灯具的垂挂吊具需要相应地加长，这样的处理可以让灯具占据空间垂直高度上的重要位置，从而使垂直维度上更有层次感。

4. 匹配相应亮度

一般来说，客厅接待客人、餐厅用餐、书房阅读，这些都应该使用光线比较明亮的灯具；卧室以休息为主，亮度以柔和为主；厨房和卫浴空间不需要太多的灯具，厨房以偏暖光的聚光为主，卫浴空间可选择漫射的节能灯片。

5. 正确选择灯罩

灯罩是灯具陈设中的重要因素，选择时要考虑需要从灯罩里散发出明亮的光线，还是柔和的光线，或者想要通过灯罩的颜色增加灯光色彩上的变化。通常情况下，室内空间选择色彩淡雅的灯罩比较多，但是适当利用带有色彩的灯罩，可以达到很好的点缀和装饰效果。

6.3 纺织品陈设

纺织品陈设是指以织物为主要材料的陈设元素，主要包括窗帘、床品、地毯、抱枕等，是室内陈设中除家具以外面积最大的陈设元素之一。纺织品陈设能够柔化室内空间生硬的线条，在设计中起到保护隐私、分隔空间、美化装饰室内空间的作用，它是陈设设计中至关重要的因素之一，也是设计师展现个人才华和设计理念的一个重要方面。

6.3.1 纺织品陈设的种类

纺织品陈设可按照材质及使用功能来划分。

1. 按纺织品材质分类

1）天然纤维

以天然生长的物质为原料加工而成，如：棉、麻、毛、丝等。其中，棉、麻属于植物纤维，毛、丝属于动物纤维。

棉质纤维短而细，有天然弯曲，整齐度较差，有棉结杂质，棉质纤维无光泽，制作成的织物外观柔和有光泽，由于棉质纤维的结构和天然扭曲的特性，因此具有吸湿透气性较好、手感柔软、容易清洗等优点，易皱、缩水等缺点。

麻质纤维和棉质纤维相比较平直、无转曲，制作成的织物手感硬挺、刚性大，凉爽感较强，具有良好的吸湿散湿、透气等功能，如果麻质纤维粗细不均、有结节，制作的布面会粗糙不平，接触皮肤时会有刺痒感。

毛质纤维有天然的波状卷曲，纤维表面柔和有光泽，制作而成的织物具有手感柔软、蓬松、富有弹性、不易皱、易染色等优点。

丝质纤维是天然纤维中唯一的长丝，纤细、光滑、平直，制作而成的织物具有光泽明亮、手感轻柔、丝薄飘逸、富有弹性、平滑细腻等特点，丝质织物还有吸湿性好、不易褶皱、自然悬垂等优点。

2）化学纤维

化学纤维分为合成纤维和人造纤维两种。生活中较为常见的合成纤维有涤纶、锦纶、腈纶等，是以石油化工工业和炼焦工业副产品为原料，将有机单体物质加以聚合而成；人造纤维以纤维素蛋白质的高分子物质，如木材、芦苇、大豆等为原料，经化学和机械加工而成，比较常见的人造纤维为黏胶纤维。

涤纶学名聚酯纤维，俗称"棉的确良"，在仿棉的基础上，克服了棉织物的缺点，但是没有棉织物吸湿透气。涤纶具有弹性好、平整挺括、不折不皱、缩水率低、易洗快干等优点，缺点是透气性差、吸尘、易起静电。

锦纶学名聚酰胺纤维，国际上称为"尼龙"，是世界上第一种合成纤维。锦纶强度较大，耐磨性高于所有纤维，锦纶长丝多用于针织及丝绸工业，如弹力丝袜、锦纶纱巾等。锦纶织物具有表面平滑、质量感轻、耐用、易洗易干等优点。

腈纶学名聚丙烯腈纤维，弹性较好，蓬松而柔软，保暖性好，有"人造羊毛"之称。腈纶可以制成多种毛料、毛线等，价格低廉且实用，但是吸湿性较差。

黏胶纤维是以天然棉短绒、木材为原料，经化学溶液浸泡再加工而成，有长纤维和短纤维两种，长纤维又称"人造丝"，短纤维又称"人造棉"，可混纺。制作而成的织物光泽柔和明亮，手感光滑、平整、柔软，具有吸湿性和透气性好、抗静电等优点。

3）混纺织物

采用两种或两种以上不同种类的纤维，混纺成纱线加工而成的织物，常见的有涤棉、涤麻、棉麻。

涤棉指涤纶与棉的混纺织物的统称，既突出涤纶风格，又具有棉织物的优点，外观光泽较明亮，布面平整，手感滑爽、挺括，折痕能够在短时间内恢复原状，干、湿情况下弹性和耐磨性都较好，缩水率小，易洗快干。

涤麻指涤纶与麻纤维混纺纱织成的织物，或经、纬纱中采用涤麻混纺纱的织物。涤麻兼具涤纶与麻纤维的性能，挺括透气，较光洁平整，抗皱性好。

棉麻混纺织物一般采用55%的麻与45%的棉进行混纺，既能保持麻织物独特的粗犷挺括，又具有棉织物柔软的特性。

2．按使用功能分类

室内纺织品按使用功能分为窗帘、床上用品、地毯、靠枕等。因各自的功能特点，在客观上存在着主次的关系。通常占主导地位（第一层次）的是窗帘、床上用品，第二层次是地毯，第三层次是桌布、靠枕、壁挂等。第一层次的纺织品类是最重要的，它们决定了室内纺织品配套总的装饰格调；第二和第三层次的纺织品从属于第一层次，在室内环境中起呼应、点缀和衬托的作用。

1）窗帘

窗帘在陈设中既有保护隐私、调节光线、降噪隔热等使用功能，又有柔化空间布局、调和色彩、凸显主题风格等装饰功能。

为了丰富窗帘的装饰效果，一般把大于窗帘安装部位实际宽度的布料通过打褶制作而成，二者相除的系数称窗帘倍率，一般是 1.8 ~ 2.5 倍。倍数还取决于花形的疏密程度，如果花形较密，倍数可适当缩小。

窗帘对花指按照窗帘布上图案间距的整数倍来控制窗帘，窗帘挂上后每朵花凸显在外面，韵律十足。

窗帘的种类有很多，可分为开合帘、卷帘、百叶帘、罗马帘等。

图 6-35 开合帘（左）
图 6-36 卷帘（右）

开合帘：开合帘一般横向开启，是常见的窗帘形式，分为一侧平拉式和双侧平拉式。采用不同的制作方式，搭配不同的辅料，可形成不同的视觉效果，又分为有帘头的欧式豪华型和无帘头的罗马杆式（图 6-35）。

卷帘：卷帘材质以化纤为主，也有竹编和藤编材质，随着卷管的卷动而上下移动。亮而不透、表面坚挺，使用方便，遮阳、防火、透气，清洗方便，比较适用于办公室、卫生间等场所（图 6-36）。

百叶帘：百叶帘材质有铝百叶、木百叶、竹百叶及复合材料朗丝百叶等，可作 180° 调节，并可以作上下垂直或左右平移。百叶帘具有不褪色、不老化、易清洗、透气、遮阳隔热等特点，适用于书房、卫生间、厨房、办公室及一些公共场所（图 6-37）。

罗马帘：罗马帘材质面料较广，一般质地的织物、木、藤、竹均可。罗马帘由导轨和帘身两部分组成，帘身平直，有底布，底布与帘身主布之间由铝条或塑料条作为支撑骨架，收放时，帘身一层一层叠起，具有独特的美感和层次感强的装饰效果，适用于客厅、书房、咖啡厅、会所等场所（图 6-38）。

2）床上用品

床上用品是室内陈设的重要组成部分，包括套罩类、枕类、被芯类。套罩类包括被罩、床裙、床笠；枕类包括枕套、枕芯。床上用品的款式、套件、

图 6-37 百叶帘（左）
图 6-38 罗马帘（右）

尺寸等丰富多样，室内设计时可选择多套床上用品，依据环境、季节及心情的不同来搭配。

床上用品的面料分为纯棉、丝绵、涤棉及麻类等，其中纯棉居多，纯棉具有透气性好、柔软等优点，容易营造出舒适的睡眠氛围。丝绵用高支纯棉与蚕丝交织而成，性能优于纯棉。涤棉成本低，色牢度好，色彩鲜艳，保形效果好，比较耐用，但是易起静电、亲和力较差，通常作为辅料和里料运用。麻类床品可以使皮肤温度降低，肌肉紧张程度降低，有改善睡眠质量的作用。

3）地毯

地毯是室内铺设类纺织物，可以调节色彩，增加居室舒适度，烘托居室环境，使空间更具有整体性。按材质可以分为纯毛地毯、混纺地毯、合成纤维地毯、毛皮地毯、剑麻地毯、塑料地毯等。

纯毛地毯：由动物毛发制作而成，具有抗静电、隔热性强、不易老化、不易褪色、耐磨损等优点，是高档的地面装饰材料，但是纯毛地毯的抗潮湿性较差，易发霉，因此使用时要注意空间的通风和干燥。纯毛地毯多用于别墅、酒店、会所等的装饰，价格较贵，可使空间洋溢雍容华贵的气息（图6-39）。

混纺地毯：在纯毛纤维中加入一定比例的化学纤维，图案、色泽等方面与纯毛地毯差别不大，装饰效果好，同时能够显著提高地毯的耐磨性，有吸声、保温、弹性好、脚感好等优点（图6-40）。

图6-39 纯毛地毯(左)
图6-40 混纺地毯(右)

毛皮地毯：由动物皮毛制成，一般是将几何形状的毛皮按一定的排列方式拼接而成，形式多样，变化丰富。皮毛一体，触感柔软舒适，保温、防滑、防潮、防霉性能都比较好，柔韧性好，质朴天然（图6-41）。

剑麻地毯：用天然剑麻纤维材料编制而成的新型地毯，符合现代人追求天然、环保的时代潮流。具有散热吸湿、调节室内环境和空气温度等优点，可以降解，环

图6-41 毛皮地毯

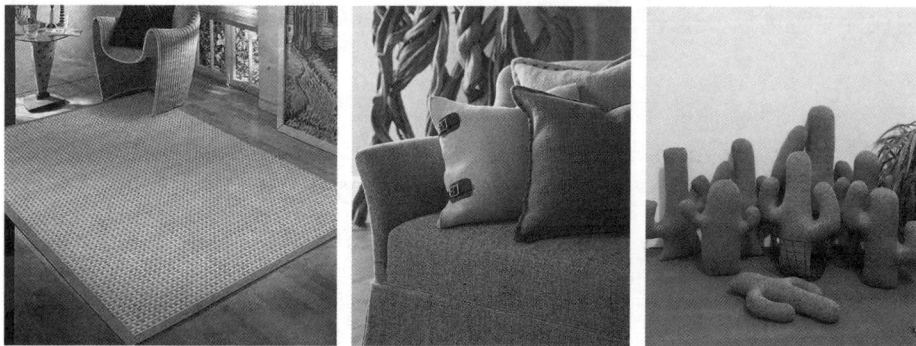

图 6-42 剑麻地毯（左）
图 6-43 方形靠枕（中）
图 6-44 仙人掌靠枕
　　　　　（右）

保节能。此外，剑麻地毯丰富的立体织纹使表面凸凹感明显，利于足部按摩。多彩的印花布艺可满足客户的个性化要求（图 6-42）。

塑料地毯：采用树脂、增塑剂等多种材料，经混炼、塑制而成，可代替纯毛地毯和化纤地毯使用。具有质地柔软、色彩鲜艳、舒适耐用、不怕湿等优点，适用于宾馆、商场、舞台等场所；还具有耐潮耐水的特点，也可用于浴室，起到防滑作用。

4）靠枕

靠枕又被称为抱枕、靠背等，用来调节人体与座位、床位的接触点，增加舒适感，减轻疲劳。靠枕使用灵活方便，适用于各种环境，沙发、床上更是广泛应用，在地毯上，还可以把靠枕当坐垫使用。可以借助靠枕的色泽纹样与室内陈设环境形成对比，起到烘托室内气氛的作用，使室内陈设的装饰效果更加丰富。

靠枕的形状有多种，多为方形、圆形和椭圆形，有的还做成动物、水果及其他有趣的形式（图 6-43、图 6-44）。

6.3.2　纺织品陈设的搭配

纺织品陈设的搭配首先要考虑使用者的爱好、房间的采光条件、与周围环境的契合等，以达到锦上添花的效果，进而营造出温馨的室内空间环境。

1. 注重风格呼应

纺织品陈设要与其他装饰相呼应，色彩、花纹、款式等与整体协调一致，与室内装饰风格相统一。色彩浓重、花纹繁复的纺织品适合欧式风格的空间；浅色调、简洁图案的纺织物，能衬托现代简约的空间；中式风格的空间中，最好用带有中国传统图案的布艺来搭配。

2. 尺寸合理匹配

纺织品陈设的尺寸要实用，大小、长短应该与居室空间的尺寸相匹配，在视觉上要取得平衡感。比如窗帘的长度应超过窗台，具体超过多少应参考窗帘的样式和居室的整体风格，一般来说，落地的窗帘可以凸显窗户在空间中的存在，让空间看起来较正式。

3. 色彩统一协调

纺织品陈设在进行色彩选择时，要结合家具色彩确定主色调，使居室的整体色彩、美感协调一致。通常是按窗帘参照家具、地毯参照窗帘、床上用品参照地毯、靠枕参照床上用品的原则进行选择和搭配。恰到好处的纺织品陈设能够为室内空间增色，胡乱堆砌则会适得其反。

4．巧妙掩盖缺陷

室内空间的界面有不如意之处，当硬装手段不易解决时，可以使用纺织品，如醒目图案的抱枕、地毯等，使人的视线被温馨的布置所吸引，从而忽略房间的不足之处。例如，层高较低的房间选择色彩强烈、竖条纹的窗帘，不做帘头，可以起到拉高室内空间的视觉效果，采用素色窗帘，也可以显得简单明快，能够减少空间的压抑感。

6.4 艺术品陈设

6.4.1 艺术品陈设的类型

在陈设设计中，艺术品是指具有美化空间、满足人们的审美需求和精神需求功能的装饰元素，一般包括室内陈设的各类画品，运用陶瓷、玻璃、金属材料等加工制作的雕塑及工艺美术品。

1．画品

与一般绘画艺术品不同，画品泛指符合空间装饰需求及文化定位的平面装饰品。除水墨画、油画等传统绘画外，还包括印刷品、摄影等多种类型。画品侧重丰富室内空间的装饰效果，是室内陈设的重要点睛元素。

1）水墨画

水墨画是中国传统绘画最主要的门类，通过丰富多样的笔法、水墨的浓淡，在经过处理的绢或宣纸上表现形象。水墨画分为工笔画和写意画。工笔画通过严谨细致的笔法，先描绘稿本，再以勾线笔进行勾描处理，继而敷色上彩，经过多层渲染，形成精致、均匀的艺术效果。写意画讲究"意在笔先"，以简练随意的笔法，结合墨的浓淡变化，突出表现对象的神韵，在中国传统绘画尤其是文人画中有着举足轻重的地位。

宋代《宣和画谱》将水墨画的题材划分为十个门类：道释、人物、宫室、番族、龙鱼、山水、畜兽、花鸟、墨竹、果蔬。其中，最主要的表现题材为山水、花鸟和人物。发展至今，分类方式有所改变，从广义来讲，可分为传统水墨及当代水墨。除承袭传统题材的传统水墨画之外，以当代艺术观念为主的水墨绘画开始出现，如一些抽象水墨画，将西方抽象表现主义特点的创作方式与传统水墨技法结合，构建了富有时代特色的当代水墨艺术（图6-45）。

2）油画

油画是在经过处理的布料、木料等基材上，以亚麻油、松节油等调剂天然色料及化学色料创作完成的绘画类型，具有丰富的色彩变化和多元的空间效果。油画的表现类型分为写实油画、表现性油画、抽象油画等。写实油画强调对外界物象的观察与体会，着重再现客观形象，作品最大限度地与观赏者的视觉和

图6-45 水墨画

图6-46 油画

图6-47 书法

经验达成一致。表现性油画概念较宽泛，通常将主观创作意识融入作品，在客观形象的基础上采用夸张、变形、重构等手法，表达别具一格的创作理念。抽象油画对客观物象进行观察后，对其本质进行提炼、概括，作品表现物象的初始状态，善于运用几何形等视觉元素，表达作者的思想及情感（图6-46）。

3）中国书法

书法是中国特有的传统艺术，作为一种无上的精神象征，有"字如其人"之说。书法的表现形式是根据中国文字结构，结合作者个人感情，运用毛笔、墨、宣纸，用多变的线条表现丰富的变化。书法的字体分为篆书、隶书、楷书、行书和草书（图6-47）。

4）水彩画

以水为媒介，调和透明的天然色料或化学色料进行创作，耐久性不及油画，也无法像油画那样进行多次的罩染或厚涂，但是，可以结合不同的笔触，形成透明、自然流畅的艺术效果。

5）综合材料画

综合材料画是兴起于 20 世纪的绘画类型，材料上没有过多限制，油性颜料、水性颜料、干性颜料可综合运用，加上浮雕、镶嵌、泼洒、拼贴、印刷等创作手法，形成丰富多变的效果，最大限度地表现画品的艺术效果。

6）摄影作品

摄影作品题材丰富，是摄影师或业余爱好者通过灵感、摄影技术等对自然、人物等客观事物进行描绘、供人欣赏的艺术作品。摄影作品具有丰富的表现力，在尺寸、数量等方面有明显的优势，成为当代画品陈设的常见类型（图 6-48）。

图 6-48　摄影作品

2. 雕塑

雕塑是立体造型艺术的代表。集合雕、刻、塑三种创作方法，以石膏、树脂、黏土等可塑材料，或木材、石头、金属、玉块、玻璃钢、铜等可雕、可刻的硬质材料，创造可视、可触的立体艺术形象，表达艺术家的审美感受和审美理想（图 6-49）。

3. 工艺美术品

工艺美术品也称工艺品，是以美术工艺制成的各种与实用相结合并有欣赏价值的物品，种类繁多，在室内陈设中，较为常见的有陶瓷类、金属类和玻璃类工艺品。以下简要介绍陶瓷类和金属类工艺品。

1）陶瓷类

陶瓷可分为陶器和瓷器。陶器以黏土为材料，采用陶轮或手捏等方法制作成型，使用 800 ~ 1000℃ 的温度进行烧制。因黏土自身的性质，陶器相比瓷器更加疏松，带有微小的孔洞，呈不透明状，质地朴素、自然。瓷器由高岭土、瓷石、石英石等物质组成，烧制温度为 1280 ~ 1400℃，表面施以不同色彩的釉料，形成不同的装饰效果（图 6-50）。

2）金属类

金属类工艺品以金、银、铜、铁、不锈钢为主要材料，有熔铸、錾刻、镶嵌、鎏金等多种工艺方法，制作成表现丰富的造型及多变的质感，金属还有着稳固、坚实的特性（图 6-51）。

图 6-49　雕塑陈设

图 6-50　陶瓷工艺品
　　　　　（左）
图 6-51　金属工艺品
　　　　　（右）

6.4.2　艺术品陈设的方式

根据空间的整体氛围，可将艺术陈设品的陈设方式分为庄重型、简洁型、随意型和展示型。以下简要介绍前三种类型。

1. 庄重型陈设

庄重型陈设多采用对称式构图，或重复规则的摆放序列（图 6-52a），将两个对应区域的陈设品采用相同的造型、比例、色彩、材质以及数量，形成稳定、庄重的艺术效果。如图 6-52b 所示，两侧陈设的石雕艺术品均衡对

(a)

(b)

图6-52　庄重型陈设

称，使空间尽显严谨、沉稳之风，使用造型相对随意的石块，以削弱对称式形成的呆板和僵硬，小石块和绿植等细节为空间增添了一些灵动的气息。

2. 简洁型陈设

不宜摆放太多工艺品的空间，应选择造型简洁的工艺品，点缀空间气氛。如图6-53背景墙上的装饰画，一方面使这一面墙成为焦点，另一方面为简约的空间增添了些许趣味。

3. 随意型陈设

随意型陈设无固定的摆放模式，数量也没有限制。陈设品之间应有适度、不过于悬殊的尺度对比，因为比例过于一致显得生硬呆板，过于悬殊则会太夸张，有不稳定之感，使陈设品相互疏远，难以协调统一。随意型陈设品之间的高度需参差错落，避免对称式、重复式的布局方式，以比例较大的陈设品为核心，使用疏密合宜的尺度关系，形成互为联系、生动自然的节奏（图6-54）。

6.5　植物陈设

植物陈设是指在陈设设计中，将具有观赏价值的天然植物或人造植物作为陈设

图6-53　简洁型陈设
　　　（上）
图6-54　随意型陈设
　　　（下）

元素，运用特定的器具，通过摆放位置配合整个室内环境进行设计、布置的过程，起到装饰空间、柔化空间、丰富空间氛围的作用，从而达到人、室内环境与大自然的和谐统一。

6.5.1 植物陈设的分类

常见的植物陈设为盆景、插花等。

1. 盆景

盆景艺术是中国特有的传统艺术，园林艺术的珍品。用盆景塑造形象，具体反映自然景观、社会生活，是表现作者思想感情的一种社会意识形态。中国盆景流派众多，传统派别有：岭南派、川派、苏派、扬派等，各个门派的盆栽都有独到的艺术特点。

1) 岭南派盆景

以"花城"广州为中心的广东盆景，因地处五岭之南称为岭南派。岭南派盆景形成过程中，受岭南画派的影响，并借鉴了王山谷、王时敏的树法及宋元花鸟画的技法，创造了以"截干蓄枝"为主的独特的折枝法构图，形成"挺茂自然，飘逸豪放"特色。创作题材，或师法自然，或取于画本，分别创作了秀茂雄奇大树型、扶疏挺拔高耸型、野趣横生天然型和矮干密叶叠翠型等具有明显地方特色的树木盆景；又利用华南地区所产的天然观赏石材，依据"咫尺千里""小中见大"的画理，创作出以再现岭南自然风貌为特色的山水盆景（图6-55）。

2) 川派盆景

有着极强烈的地域特色和造型特点。其树木盆景，以展示虬曲多姿、苍古雄奇为特色，同时体现悬根露爪、状若大树的精神内涵，讲求造型和制作上的节奏和韵律感，以棕丝蟠扎为主，剪扎结合，其山水盆景以展示巴蜀山水的雄峻、高险，以"起、承、转、合、落、结、走"的造型组合为基本法则，在气势上构成了高、悬、陡、深的大山大水景观（图6-56）。

3) 苏派盆景

以树木盆景为主，古雅质朴，老而弥坚，气韵生动，情景相融，耐人寻

图6-55 岭南派盆景（左）

图6-56 川派盆景（右）

味。苏派盆景摆脱传统的造型手法，采用"粗扎细剪"的技法。对主要树种，如榆、雀梅、三角枫等，均采用棕丝把枝片修成中间略为垂斜的两弯半"S"形片子，然后用剪刀将枝片修成椭圆形，中间略隆起呈弧状，犹如天上的云朵。对石榴、黄杨、松、柏类等慢生及常绿树种，在保持其自然形态的前提下，蟠扎其部分枝条，或弯曲、稀疏，使其枝叶分布均匀、高低有致。其修剪也以保持形态美观、自然为原则，只剪除或摘除部分"冒尖"的嫩梢，成为苏派盆景的主要特色。在蟠扎过程中，苏派盆景力求顺乎自然，避免矫揉造作（图6-57）。

    4）扬派盆景

受高山峻岭苍松翠柏经历风涛加工形成苍劲英姿的启示，依据中国画"枝无寸直"的画理，创造应用11种棕法组合而成的扎片艺术手法，使不同部位寸长之枝能有三弯（简称一寸三弯或寸枝三弯），将枝叶剪扎成枝枝平行而列，叶叶俱平而仰，如同飘浮在天空中极薄的"云片"，形成"层次分明，严整平稳"、富有工笔细描装饰美的地方特色（图6-58）。

图 6-57　苏 派 盆 景（左）

图 6-58　扬 派 盆 景（右）

    2．插花

    1）插花的种类

插花大致分为东方插花、西方插花、现代插花三种艺术风格。东方插花注重线条感，形式追求线条、构图的完美与变化。西方插花讲究强烈的美感，给人以奔放热烈的印象，很注重几何构图，喜欢用"S"形和圆形。现代插花也称自由式插花，指融汇了东西方插花的特点，选材、构思及造型不拘一格的插花。

    （1）东方插花艺术

东方插花艺术源于中国，到唐朝时盛行起来，并在宫廷中流行，在寺庙中则作为祭坛中的佛前供花。宋朝时期插花艺术在民间得到普及，受到文人的喜爱，至明朝，插花艺术不仅广泛普及，并有张谦德《瓶花谱》、袁宏道《瓶史》等插花专著问世，这一时期插花艺术达到鼎盛，在技艺上、理论上都相当成熟和完善。《瓶史》传入日本后，对日本插花艺术产生了重要的影响，形成

图 6-59　立花（左）
图 6-60　生花（中）
图 6-61　自由花（右）

风靡一时的"宏道流"，为日本插花理论奠定了基础。

中式插花崇尚自然，讲究优美的线条和自然的姿态，按植物生长的自然形态，有直立、倾斜和下垂等不同的插花形式，作品清雅流畅。多采用非对称式构图，构成高低错落、俯仰呼应、疏密聚散的艺术效果；注重花材的线条感，用花量较少，花色较清新淡雅，作品追求意境之美，为突出主题，通常会为作品命名。

日本花道通过线条、颜色、形态和质感的和谐统一来追求"静、雅、美、真、和"的意境，注重的并非植物或花形本身，而是一种表达情感的创造。在发展过程中形成很多流派，如池坊、未生、小原流、草月流等，其中池坊影响最深远，代表花形有立花、生花、盛花、自由花等。立花是池坊流派最古老的花形，表现严谨之美，强调造型均衡，突出作品的严肃之感，插制过程繁琐，对陈设环境要求较高，流行于贵族阶级（图 6-59）。生花是池坊的基本花形，表现草木的生长姿态，构图简洁，对美的表现主要有自然美和意匠美两种，自然美强调通过不同花材体现自然生态和生命力，意匠美主要展现造型、色彩搭配的人为设计感（图 6-60）。盛花相比于立花和生花，重心较低，由三个主枝构成，以不等边三角形的构图完成作品，注重根据季节、材料、花器的不同随机应变。自由花没有基本花形和固定样式，可自由创作，在表现植物生命力的同时，彰显作者的创作理念和个性，分为自然插法和非自然插法，自然插法体现植物的自然生长状态或特性，非自然插法运用技巧，改变植物原有的自然特征，彰显独特的创作美（图 6-61）。

（2）西方插花艺术

西方插花艺术起源于古埃及和古希腊，在 17 世纪发展成熟。西方插花所用花材种类丰富、数量较多。注重花材外形，花器多为篮、罐或口部较大的瓶，运用规整对称的球形、半球形、椭圆形、三角形等几何式构图，追求块面和群体的艺术魅力，作品简洁、大方，色彩艳丽浓厚，表现出热情奔放、雍容华贵、端庄大方的风格。运用作品的色彩美和造型美，烘托室内空间环境（图 6-62）。

东方插花艺术与西方插花
艺术

图 6-62　西方插花

（3）现代插花艺术

随着社会的发展，东、西方插花艺术相互借鉴、融合，在继承各自传统艺术的基础上，形成新的插花形式，即现代插花艺术。在造型上灵活多变，如在西方插花的基础上融合东方插花的线条，增加作品的灵动性，在东方插花的基础上融合西方插花丰富的色彩和体积感，增强东方插花的烘托效果。现代插花注重表现作者的创意意图或环境需求，选材广泛，色彩丰富，富有表现力。

2）插花的技巧

（1）高低错落：花材设计应有立体空间构成表现，即要求在多维空间用点、线、面等造型要素进行有层次的位置经营。

（2）疏密有致：花材在安排中应有疏有密，自然变化，画论说，"疏可走马，密不透风，疏如晨星，密若潭雨，疏密相间，错落有致"。

（3）虚实结合：衬材与主花相辉映，以实隐虚，以虚生境、烘实，给实以生命、灵性和活力。

（4）仰俯呼应：无论是单体作品还是组合作品，都应该表现出它的整体性和均衡感。

6.5.2　植物陈设的搭配与布置

在众多陈设设计的元素中，植物陈设是较为特殊的陈设类型，具有非人工装饰性，自然生长的造型与色彩在一定程度上柔化空间氛围，为空间注入自然气息。

1. 植物陈设的风格搭配

植物陈设的装饰功能给人带来愉悦的感受，在风格选择上应尽量与环境风格保持一致。如，中式风格家居设计给人以沉静典雅的直观感受，中式风格植物陈设注重意境，追求虚实结合的构图感和飘逸的线条，以植物抒情、寓事，搭配中式传统韵味配饰，如茶器、文房用具等，凸显中式空间的雅致之美。再如，欧式风格家居多以高贵典雅的色彩为主，强调材质的纹理感和做工的精致，植物陈设上应配合主题，运用花量大、形态饱满的西式插花作为装饰，以浪漫端庄的对称美起到分割空间、装饰空间的作用。

2．植物陈设的协调搭配

植物千姿百态，色泽自然，是空间陈设的特殊元素，运用时要注意与其他元素相协调。植物陈设应与整体环境、家具及工艺摆件等形成有效呼应，使空间陈设效果更加协调一致。此外，也可以在设计中利用植物自身丰富的色彩和造型，与周围环境形成强烈的对比，凸显植物陈设的装饰性，使其成为空间的焦点。

3．植物陈设的位置

植物陈设的距离和角度会影响欣赏效果和空间装饰效果。室内风格、空间面积、户型等因素会导致植物陈设位置的变化。如，现代插花作品的欣赏角度较多，两面观赏的作品，适宜放在空间过渡位置，达到分隔、装饰空间的功能；三面观赏的作品宜陈设在墙角，以填补空间空白；当陈设在空间中央时，作为室内视觉的焦点，应能够四面观赏。

此外，不同的欣赏视角要选用不同的陈设形式，需要平时欣赏的植物陈设，多选择直立式或倾斜式，需要形成一定高度的仰视效果的植物陈设，则应该选择垂吊式。

6.6 其他陈设

6.6.1 光影效果陈设

随着现代社会的快速发展，人们对室内设计的要求也不断提高，"光"在室内表现中除了满足照明之外，越来越多的设计师开始追求"光影"的表现效果。有光的地方就有阴影，光影在空间里具有很强的表现力，它是室内设计灵魂所在。居室的陈设多种多样，如光影的利用恰当，会给陈设增添美的旋律；反之，既破坏了室内的环境效果又降低了陈设品自身的艺术魅力。

1．自然光影陈设

自然光泛指以非人工光源发出的光，如阳光、天空光等。陈设艺术要充分考虑自然中光与影的变化对室内环境的影响，产生的不同的室内效果。在室外自然光照明条件下，室内既可能受到直射阳光的直接照明，也可能只由天空散射光照明，或两者兼有，这取决于该建筑的结构、门窗的朝向、大小及季节、天气变化等。此外，室内环境及家具陈设的亮暗也对照明条件产生影响（图6-63）。

图6-63　自然光影陈设

2．人工光影陈设

人工光是随着人类文明、科学技术的发展而出现的光源，是相对于自然光而言的灯光照明。人工光影的特点是能控制光的位置、亮度、照度、光色等，在陈设设计中的作用远比在建筑设计、室内设计中重要。人工光影陈设按照投射的方向，可以分为上投光、下投光、背面光、轮廓光等类型。

1）上投光

上投光是指从下部向上投射的光，可以直接投向展示物体，也可以投向上部界面或空间后，光线再反射或漫射下来。上投光有点状的，也有条状的。上投光的角度和照度尤为重要。

2）下投光

下投光的陈设方式，一般是把照明集中到特定的物体和区域上，产生照度集中的效果，从而使被照物体和空间更加清晰（图6-64）。在商场、展览馆等公共空间中常会运用这种形式的照明。

3）背面光

有一些陈设品，通常在正面不设灯光，在正面完全处于背光状态下，能够减少物体正面的诸多细节。背面光可以清晰地表达物体的整体轮廓特征（图6-65）。

4）轮廓光

不但可以像背面光一样表现物体的轮廓特征，还可以显现物体正面的一些细部。轮廓光可以是线状的，也可以是面状的。当物体轮廓在常规的照明下无法显示体积关系或特征时，运用轮廓光可以起到极佳的效果。

图6-64　下投光（左）
图6-65　背面光（右）

6.6.2 装置艺术陈设

装置艺术始于 20 世纪 60 年代，是指艺术家在特定的时空环境里，将日常生活中的物质文化实体，进行艺术性的利用、改造、组合，演绎出新的展示个体或精神文化意蕴的艺术形态。

装置艺术具备承载文化内涵、历史意义、审美效果的功能，与传统的陈设品的区别在于，陈设品在表现的意义上是独立的，它可以被置于迥异的空间，而装置艺术是作者根据特定展览地点的室内外环境、空间特点，设计和创作的艺术整体，与空间具有一定的附属关系，它是专为某个空间而设计的，一旦移动到其他空间，意义都将发生改变。装置艺术是"场地＋材料＋情感"的综合展示艺术，可以陈设在室内空间，也可以陈设在室外空间。

装置艺术陈设的主题与建筑的空间特征一致，在室内环境中可以有效地组织视觉焦点。如图 6-66 所示，深圳某酒店以木质材料构成马、半圆等不同形状的装置来表现酒店装饰以木材为母题语言的特征。再如图 6-67 所示，这一商业空间中的黄色雕塑就属于点睛之笔，跳脱于空间，成为焦点所在。

图 6-66　深圳某酒店装置艺术陈设

图 6-67　某专卖店装置艺术陈设

【思考与练习】

1. 结合当地某酒店大堂陈设设计，分析室内陈设设计的主要元素和设计技巧，总结其空间氛围营造方法。

2. 以"海洋"或"森林"为主题，设计一个卧室的陈设设计方案。

3. 简述如何将中国传统元素（如水墨画、瓷器等）融入现代风格的客厅陈设设计中。

单元7 不同空间类型的室内陈设设计

【教学目标】

1. 了解不同空间类型的室内陈设设计的整体表达；
2. 能够将室内陈设品的搭配技巧应用于室内设计实际项目中。

室内陈设艺术设计需要服务的空间类型多种多样，本单元通过展示住宅（居住）空间、餐饮空间、办公空间、商业空间、展览展示空间等不同空间类型室内陈设设计的真实案例，学习如何根据不同空间类型的室内空间特点、功能需求、风格审美等，布置出既有较高的舒适感、又有较高艺术境界的优美环境。学习室内陈设设计师对定义整体风格、营造室内气氛、美化室内空间、调节室内色彩、改善户型缺陷及丰富空间层次等方面的作用和搭配技巧。

7.1 居住空间的陈设设计

住宅（居住）空间陈设设计是针对室内居住空间，如客厅、餐厅、卧室、书房等进行的室内陈设设计，它应根据空间的整体设计风格及主人的生活习惯、兴趣爱好和经济情况，设计出符合主人个性品位，且经济、实用的室内空间环境。在硬装基础上，室内陈设可以帮助解决空间规划问题，使空间线条更加流畅，突出整体感。

7.1.1 案例赏析（表7-1）

××一号二期雅居项目概况　　　　　　　　　　　表7-1

项目名称	××一号二期雅居	设计单位	东易日盛
设计风格	现代简约风格	面　　积	101m²
设计人员	赵焕、赵肖丹	项目地点	郑州市
设计灵感	不同于现代极简的概念和线条化，本方案尝试从精神层面去解读空间。借由岁月的包浆让空间触手生温，设计师希望在保留一份文化传承仪式感的同时，也把主人家的喜好和曾经的雅趣见闻置入到空间里面，但同时设计师也希望人与空间、物与空间、人与物、物与物之间的关系又是鲜活而自由的……所谓大俗大雅，高尚立意，表达不一，高低立分。将主人家精神层面的品位与雅致投放到具象世界之中，设计师选择的不是简单粗暴的"炫"，而是气韵生动地以物写神，妙在且说还休闲		
主要用材	大理石、黄铜元素、木饰面、木地板、地毯		
色彩定位	该方案以奶咖色、炭灰色、象牙白、米杏色、浅木色为主基调，带有高级质感的中性色调通过巧妙混搭让空间气质提升，打造了空间现代、时尚、优雅的风范。搭配了金属轻奢风的家具，将内敛与张扬相融合		

××一号二期雅居项目赏析

1. 项目概况与设计立意

本方案设计师采用了现代简约的设计手法，崇尚以极致简约风格为基础，通过一些精致的软装元素来凸显质感。以奶咖色为基调，给人以简洁、淡雅的感觉，暖色调的应用，增添了居家的温馨感。大理石、黄铜元素、丝绒、木饰面等通过巧妙地混搭与组合，让空间的奢华感上升到一个新的高度。在本方案中，表现轻奢风的不仅是材料，还有色彩，在设计中力求低调又不失高贵内涵，即时尚在简单中营造奢华感受（图 7-1、图 7-2）。

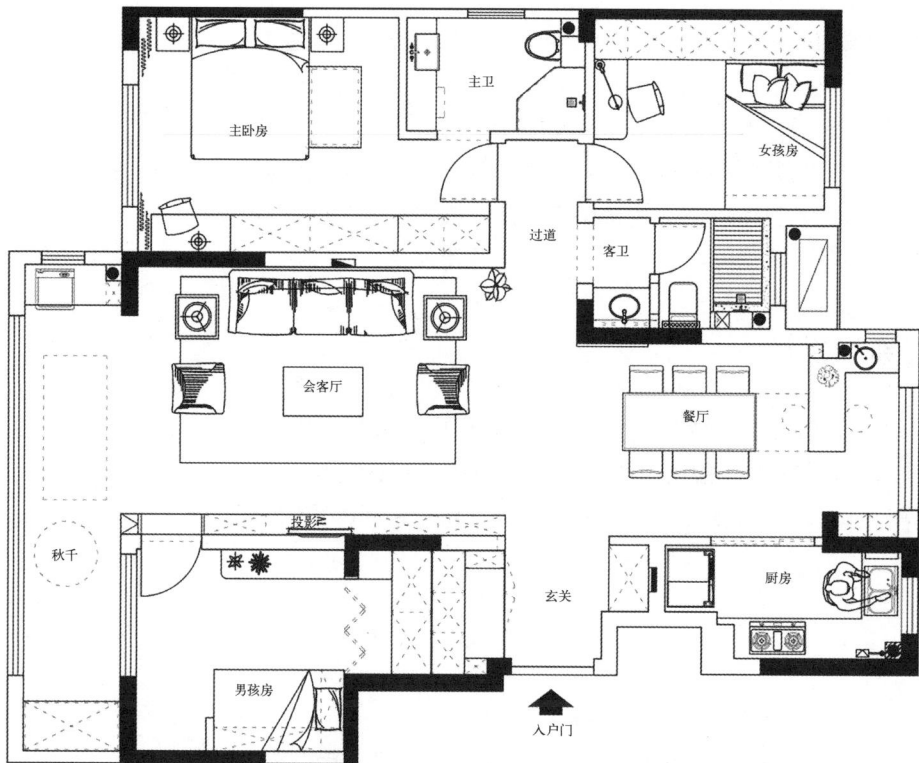

图 7-1　平面布置图

图 7-2　客餐厅效果图

2. 客厅

简洁的客厅里，采用浅咖色调和金属元素点缀，营造平静而不失时尚的氛围。隐藏式收纳是保持设计整洁的重要因素之一。米黄色沙发搭配金属茶几，配合着光影与色彩的搭配，与挂画一起组合成一幅现代主义的图景。沙发旁边的艺术画，让简洁的空间中又富含色彩变化。大理石瓷砖搭配金属元素，再加上一些闪亮的装饰元素作为点缀，打造出让人无限回味的空间（图7-3～图7-5）。

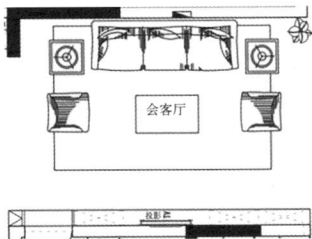

图7-3 客厅效果图

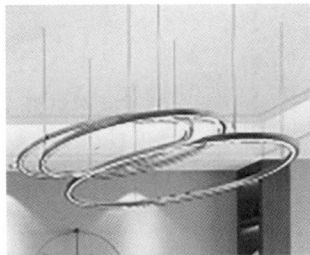

图7-4 吊灯（左）
图7-5 家具（右）

3. 餐厅

餐厅需要提供令人愉悦的就餐环境，给人一种轻松感。饰品、色彩、造型的选择都要以轻松、自在、舒适为主。

米白色餐椅与原木色餐桌结合，从材质和风格造型上都呼应着客厅的气质，顶部充满线条感的黄铜吊灯，造型独特，暖色的灯光营造出温馨的氛围。充满创意的装饰墙和简洁的钟表，都为空间增添不少趣味与功能。温润自然的木饰面，虽然有一股与生俱来的朴素气质，但是恰到好处地运用于现代空间，在简单中营造奢华感受（图7-6）。

4. 主卧

主卧延续了整体沉稳与雅致的基调，深色窗帘不仅与公共区域呼应，也营造出了静谧的睡眠气氛。浅咖色的床搭配灰色床品，时尚不失简约。充满艺术气息的背景墙，营造出自然的气息。床头简洁、线条感十足的黄铜吊灯，彰显精致质感（图7-7）。

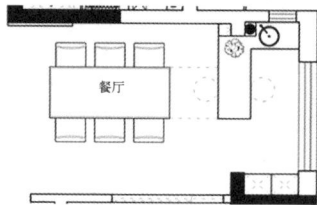

图 7-6　餐厅效果图

图 7-7　主卧效果图

5. 儿童房

淡淡的白色是空间的主调，浅绿色的座椅、淡蓝色的床品和玻璃陈设品在纯白色的家具衬托下，既为空间增色不少，又不觉突兀，为室内营造出清爽、洁净、温暖的视觉感受，似在倾诉儿时的甜梦归处，细腻而俏皮（图 7-8）。

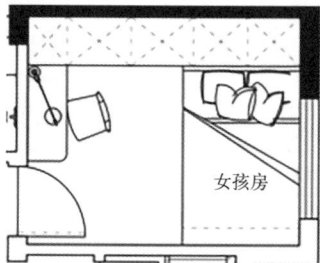

图 7-8　儿童房效果图

6. 厨房（图 7—9）

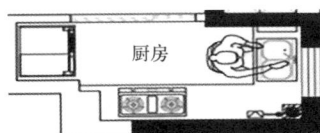

图 7-9　厨房效果图

7. 主卫

　　玻璃盒般的主卧卫浴，视觉在光影中得以延伸，洗手台上的镜面与卫生间门的玻璃连贯一致，增强空间感的同时，让整个空间显得通透宽敞，尽显干净利落的优雅（图 7—10）。

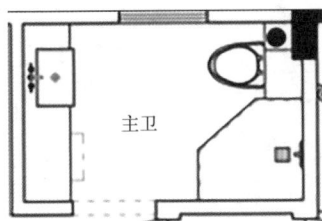

图 7-10　主卫效果图

7.1.2 【看一看】

××一号二期雅居项目实
景视频

7.2 餐饮空间的陈设设计

随着社会与科技的高速发展，餐饮空间已经不单单只是一个享受美食的地方，而是一个可以享受美食的社交空间。在陈设设计中首先要准确定位，对目标市场的容量及餐饮空间的市场需求的趋势进行分析，需考虑整个餐饮空间的整体风格、整体规划。第二是空间设计，一般原则都是从整体环境和建筑空间的基本特征着手，先解决建筑空间的流线组织、功能区域的划分等基本问题，然后在满足商业需求的同时强调空间氛围、突出个性与品位表达。第三是注重保护客人的隐私，通过各种隔断将空间进行组合，不仅可以增加装饰面，而且又能很好地划分区域，给客人留有相对私密的空间。色彩的营造要注意人在餐饮环境中的心理特征，并利用空间组织手段来表达出某种设计意念，如通过空间形态、灯光、色彩及陈设等元素来渲染这个主题。

7.2.1 案例赏析（表7-2）

××茶餐厅项目概况

表7-2

项目名称	××茶餐厅	设计单位	蓝色设计（郑州）
设计风格	中式风格	项目地点	郑州市
设计人员	王志贤、谢迎东、乔飞、张振刚、刘鹏、吉明辉		
设计灵感	贴近自然，原木色、纯木质的结构，仿佛身处庄园、大院，悠闲自得，一片净土，你、我、他的圆融，在这里时间仿佛可以留住，安静、润泽，发现生活的美好与阳光。 缘·在——深宅大院四合院落，合纵连横庭院参差，荡气回肠建筑集成，如一位取百家之长的武林高手，又如一部集百家精华的文学巨著，博大精深，耐人寻味，建筑风格灵活		
主要用材	水泥砖、竹子、木条、实木		
色彩定位	该方案以原木色、深棕色、米白色、灰色为主色调，搭配蓝色、绿色作为点缀色。这些色调带有自然质朴的质感，通过巧妙混搭让空间气质提升，打造出空间宁静、质朴、雅致的氛围。将传统文化的内敛气质与现代设计的简约美感相融合		

××茶餐厅项目赏析

1. 项目概况与设计立意

静茶淡雅，君子淡泊。在喧闹的都市当中忙碌而奔波，"静"成为现代都市人的一种渴望与追求，这也是本方案设计重点之一。这里的"静"，并不一味地寻求自身的安静，而是通过整个空间把四合院建筑与茶两种中国的传统文化有机结合，营造悠闲自得的氛围，表达对自然的敬畏之心。

本方案茶餐厅的中式装修风格，不论是竹木的镂空屏障，还是光影流连的空间，都让人仿佛置身于竹海园林之间。设计师在该空间着重展现一种返璞天然的气质，在材质上采用传统木质，突出自然元素的肌理构成，将木艺的质感与清新的茶味搭配起来，营造出醇厚质朴、贴近自然的氛围，令人强烈地感受传统痕迹与浑厚的文化底蕴。在这种氛围中，让人可以看到某种厚重的沉甸甸的东西—— 一种中式文化意蕴，它不仅可以唤起人们对历史的回忆，而且体现的是一种沉思后的平静，符合优雅文人的气质，中和了浮躁的个性（图 7-11 ～图 7-13）。

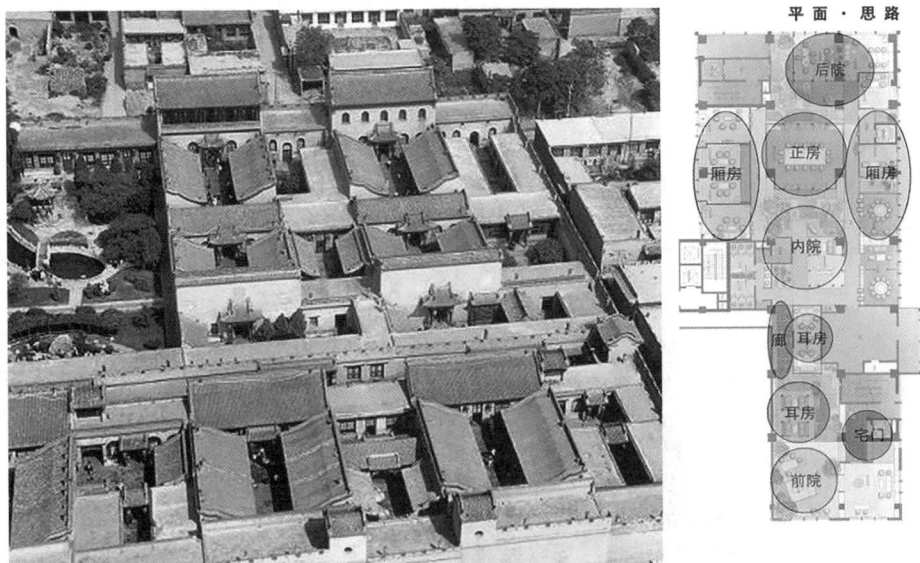

图 7-11　功能分析图

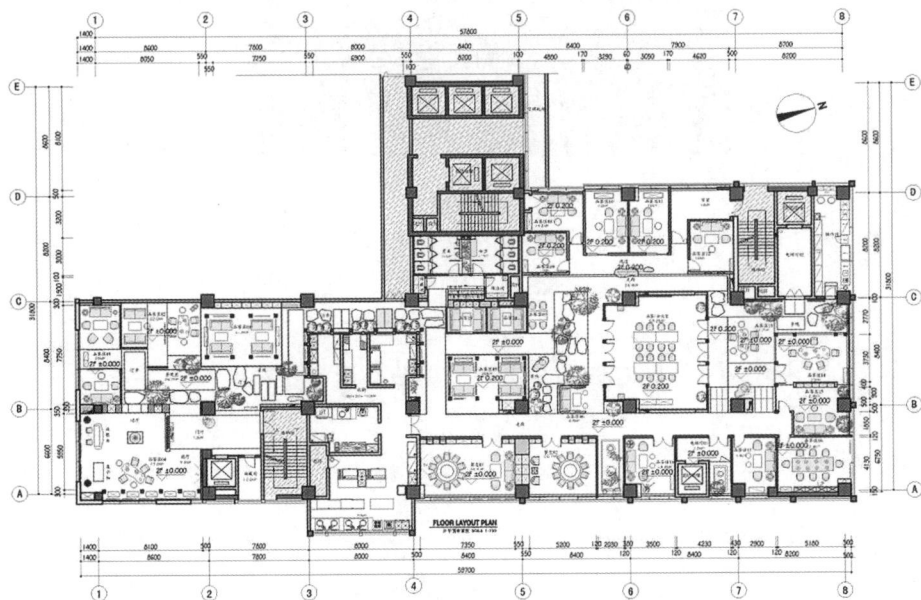

图 7-12　平面布置图
示意

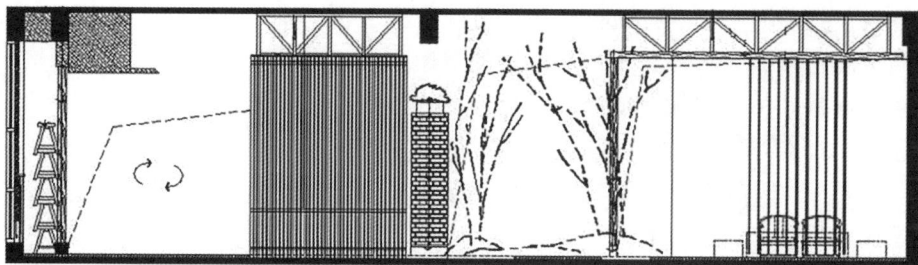

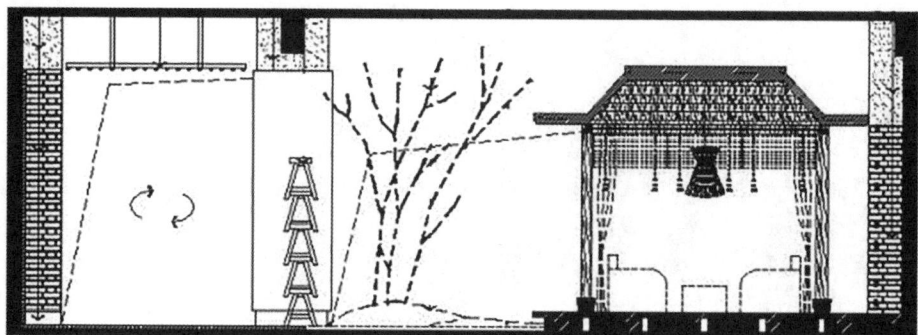

图 7-13　前院立面图
示意

2. 宅门过厅

步入餐厅，便是由竹子排列
的镂空屏风造型，安静了世界的
浮华。古朴的青砖、做旧的水泥
墙、老旧的木展架等，显得厚实而
流畅，仿佛画满时间的痕迹。浮躁
的都市令人迷茫，朴实的境遇让人
卸下防备，感受平静，直面自我
（图 7-14）。

3. 前院品鉴区

竹子屏风后，便是前院的品鉴
区，中式的竹椅和实木茶台，以古

图 7-14　宅门过厅效
果图

色古香、典雅中和为主，充盈文化气息，令人感受浑厚的文化底蕴。

树石对话，诉说着自然的情怀。庭院深深，心旷神怡（图 7-15、
图 7-16）。

4. 耳房

设计师在空间上也做了私密区、开放区等任顾客选择，更贴心地满足不
同顾客对就餐环境的需求，在陈设上利用竹子编制的竹帘和布帘搭起半开放的
区域，为空间带来流线感（图 7-17、图 7-18）。

5. 亭廊

青砖、枯枝、帷幔、宫灯、陶罐、古井、茶具等无不体现东方的神韵，欣赏
窗外美景，啜一杯清茶，休闲、宁静、平和，给人以世外桃源的感受（图 7-19）。

图 7-15　前院品鉴区效果图

图 7-16　前院效果图

图 7-17　耳房效果图

图 7-18　侧巷效果图

6. 主院

一卷书、一盏茶、一炉香，或独坐幽思，或三五好友畅叙幽情，闲逸清雅，俯首自得间，尽是自在人生体验（图 7-20）。

7. 厢房

在中式茶餐厅的包间里，仿明清式的原木桌椅、古色古香的古籍书柜、带有文化气息的陶瓷、中式时尚造型的吊灯、情景怡人的玻璃窗景，在这里是一场关于中国文化的盛宴（图 7-21）。

8. 后院

庭院中，借景造景，相互渗透，有亲切自由之感，听潺潺的流水，饮甘醇的香茶，论道、对弈，无论外面世界纷扰还是繁华，一方净土总能让人留恋（图 7-22）。

9. 正房

原木色给人一种返璞归真的〝味道〞，它色调淡雅、质感温润，就像瞬间把人带到大自然的怀抱之中，抚慰一颗躁动不安的心，为每个角落衬托出静谧的禅意、清新的气息。稳重含蓄的空间色调，透露出东方意境的含蓄美，让人只想在这里沉静、停留（图 7-23）。

图 7-19　亭廊效果图

图 7-20　主院效果图

图 7-21　厢房餐包效果图

图 7-22　后院效果图

图 7-23　正房沙龙效果图

7.2.2 【看一看】

××茶餐厅项目实景视频

7.3 办公空间的陈设设计

随着时代的进步和科学技术的发展，办公空间的室内陈设使用周期将会越来越短，这就要求设计师对办公空间进行的陈设设计必须具备灵活性和适应性的特征，以适应快速发展的需求。办公空间的室内陈设要考虑到工作人员的生理和心理需求，营造出舒适宜人的办公环境。现代办公空间室内陈设要涉及对内与对外这两个系统，对内部系统而言，是让工作人员在工作之余或工作期间能够促进交流、增进友谊、放松自我，对外部系统而言，则是如何对访客进行展示和宣传企业精神和文化，陈设布局要体现企业的文化气氛，以此打造企业品牌。

7.3.1 案例赏析（表7-3）

×××××学研中心项目概况　　　　　　表7-3

×××××学研中心项目
赏析

项目名称	×××××学研中心	设计单位		蓝色设计（郑州）
设计风格	现代简约			
设计人员	徐砚斌、吴校沛、张振刚、王志贤、侯丽娟			
设计灵感	这是一个有关"形"与"体"的思考，是平面与空间交融。整体构思来自于"风格派现代艺术"，以几何图形为基本元素。 用笔直的线条、纯粹的色彩融入点线面的空间组合中。让视觉美感回归到物件构成的原始状态，突出了简单、时尚、鲜明、年轻、国际化的核心思想。而在空间关系上，以单一体块单元为基础，进行复制、叠加、渗透、融合，使整个空间有视觉冲击力，简单却极富张力，让人印象深刻			
主要用材	玻璃、布艺、地毯、皮革			
色彩定位	该方案以白色、灰色为主色调，搭配黑色作为辅助色，点缀色为蓝色、绿色、红色。这些色彩组合营造出现代、简约、明亮的空间氛围，同时通过明亮的点缀色为空间增加活力和年轻感。整体色彩搭配体现了国际化融合年轻化的设计理念			

1. 吧台前厅区

前厅斜置的弧形入口设计，打开了视野，也有了开放欢迎的姿态。迎面是干净的服务前台和分布左右的休息区，它们由不同开敞度的特色家具组成，或者独在一个角落，满足茶饮、阅读、小憩等各种层次的休息需求并消除等待的焦虑；而周围正是能自然观察的半开放洽谈室。

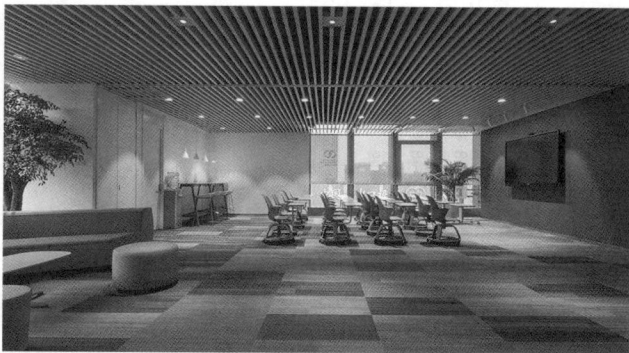

整个前厅区的观感是开放的，"开放"是空间设计营造的目的也是展开沟通和交流的思想准备与前提（图7-24）。

2. 多功能教学区

语言的核心是交流，多功能教学区域同样是开放的空间，但可以按需求临时隔断，与外部分开来保持私密，独立带桌板的可滑动学习椅能放置随身用品，顺应师生随性自由的对话特点，更能随机移动组成3、5、7人等不同规模的讨论小组，加上多功能媒体屏与小型吧台的设置让课堂互动和语言交流随心所欲地进行（图7-25）。

3. 公共通过区

转身可见具有展示、网络、书吧功能的公共通过区，空间和家具都继续保持开放和兼顾阅读的私密要求，让思考和分享兴致舒畅无碍（图7-26、图7-27）。

4. 教室互动区

分布于通道两侧的是大小教室，教室设置了白板墙和可移动多媒体互动屏，促进即兴激发的话题交流。小教室一侧采用隔声性能好的双玻隔墙，具有

图7-24　吧台前厅区（左）
图7-25　多功能教学区（右）

图7-26　公共休息区（左）
图7-27　公共网络区（右）

图 7-28 教室互动区 1

图 7-29 教室互动区 2

图 7-30 洽谈会议区

图 7-31 会客区 1

图 7-32 会客区 2

一定的空间通透性，保持学习情绪舒展，便于师生互动的轻松进行（图 7-28、图 7-29）。

5. 洽谈会议区

墙面的装饰图案给人国际化的感受，空间极简、明快，家具和色彩亮点自由显现、富有热情，漫射的光照适宜、柔和、有层次；于其间互动与放松，讨论与静思，都随心而为。其完全剥离地域束缚，渗透在空间中的清新愉悦，使交流更自由（图 7-30 ~ 图 7-32）。

7.3.2 【看一看】

××××× 学研中心项目
实景视频

7.4 商业空间的陈设设计

商业空间主要包括百货商店、专业卖场、超市、购物中心等，商业空间的室内陈设设计目的是突出商品，并为购买者提供一个良好的商业购物环境。商业空间包括入口空间、交通及过渡空间、展示空间、销售空间、休闲空间、办公空间等，其中销售空间和展示空间是商业空间陈设设计的重点。

商业空间中陈设设计的主要内容有商品展示、橱窗陈设、招牌及灯箱广告、灯光、模特展示、货架及商品陈设、信息标志、绿色植物等。

7.4.1 案例赏析（表7-4）

×××销售中心项目概况　　　　　　　　　　　　表7-4

项目名称	×××销售中心	设计单位	蓝色设计（郑州）
设计风格	现代简约		
设计人员	乔飞、刘鹏、李怡梾、吴校沛、谢迎东、管商虎		
设计灵感	水晶剔透似昨夜星辰，墙面斑驳展故居深情，灯光脉脉如目光温婉，水波倒影中的你像十里春风……春天里售楼部呈现的不仅是一个美的空间，更是一种仪式感的生活姿态，那仪式是什么呢？请你来到春天里吧，当你端坐在橘色沙发上的时候，温暖的烛光伴随着树影摇曳，灯光不偏不倚地打在黑色茶几桌面上那只金色小蜥蜴身上的时候，为你端一杯飘着热气的焦糖玛奇朵，白色的瓷杯边上镶有一圈金色的细线，空气中流淌着咖啡的香气和歌曲"Take me home, Country road"的旋律，当你脸上漫溢出笑容的时候，无论之前生活经历了什么波折或者低迷，此刻都会被忘却吧，那这便是我们为你设计的具有仪式感的生活姿态		
主要用材	实木、布艺、金属、镜子、玻璃		
色彩定位	主色调为米白色、灰色、淡木色，搭配深棕色作为辅助色，点缀色为金色、橘色。这些色彩组合营造出现代、时尚、优雅的氛围，同时通过金属质感的家具和装饰品的使用，将内敛的气质中融入张扬的高贵华美		

×××销售中心项目赏析

1. 前厅

黄铜质感的艺术装置、造型奇特的水晶玻璃屏障，营造出现代典雅细致，自由而不放纵、柔和而不失清新，通透连贯的融合之美（图7-33～图7-36）。

2. 接待大厅

镜面咖色的吊顶，水晶剔透似昨夜星辰，独特、自然，生活变得多元而丰富，喜悦的释放已迫不及待，一杯咖啡或一抹红茶，香气怡人。尊重已成为生活的礼遇（图7-37）。

3. 洽谈区

领导时尚与新奇，空灵典雅、简而有约、约而有合。当你端坐在紫色柔软的沙发上的时候，放松你的身体，那独特的烛台造型吊灯，灯光脉脉如目光温婉，灯光不偏不倚地打在茶几桌面上的一只蓝色小花瓶上，迷离的反光，宁静融合，透露出自由浪漫的气息，生活可以像诗一般让人浮想，也可以像歌一样让人传颂（图7-38～图7-41）。

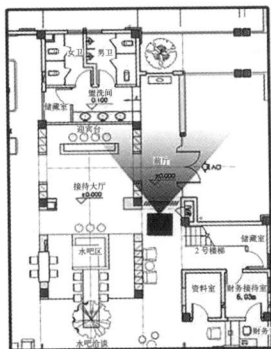

图 7-33　前厅角度 1

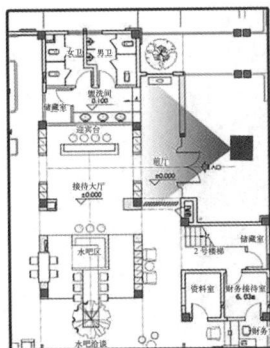

图 7-34　前厅角度 2

图 7-35　前厅一角 1
（左）

图 7-36　前厅一角 2
（右）

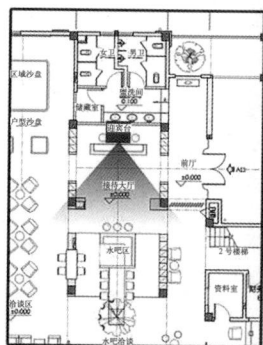

图 7-37 接待大厅

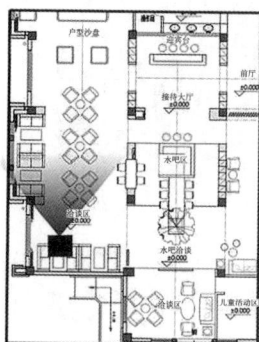

图 7-38 洽谈区角度 1

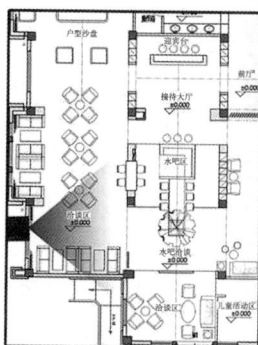

图 7-39 洽谈区角度 2

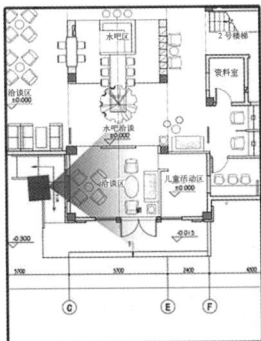

图 7-40 洽谈区角度 3

图 7-41 局部细节

4. 水吧区

温暖的烛光伴随着树影摇曳，给人独特、自然的感受，让空间变得多元而丰富（图 7-42）。

5. 盥洗间

镜面造型设计让空间灵动又富有变化（图 7-43）。

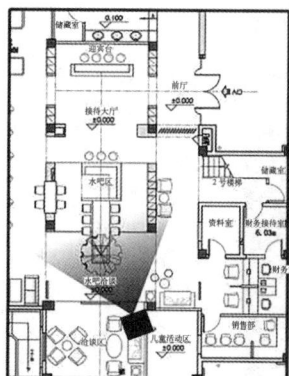

图 7-42　水吧区

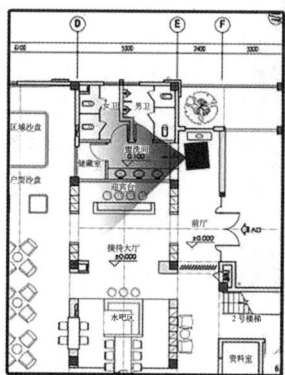

图 7-43　盥洗间

6. 餐厅区

简而不陋，拙而有雅。颜色造型多变的餐桌餐椅，处处体现出自由融合之美（图 7-44 ~ 图 7-49）。

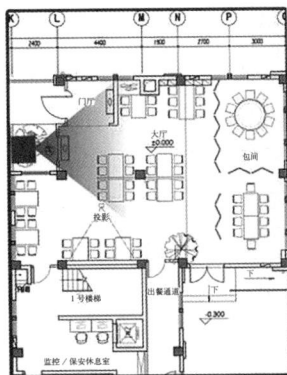

图 7-44 餐厅角度 1

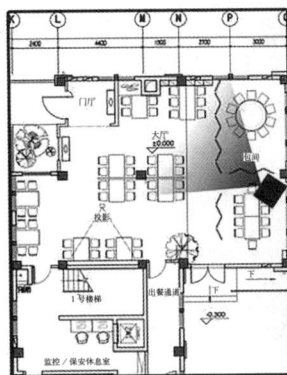

图 7-45 餐厅角度 2

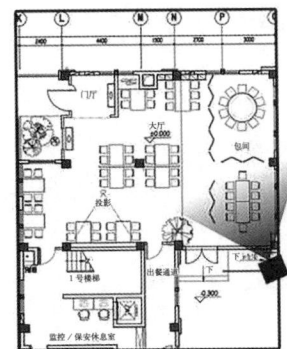

图 7-46 餐厅角度 3

图 7—47　餐厅家具
（左）
图 7—48　餐厅陈设 1
（右）

图 7—49　餐厅陈设 2

7.4.2 【看一看】

×××销售中心项目实景
视频

7.5 展览展示空间的陈设设计

展览展示空间的室内陈设，要充分考虑其空间特性，根据需要营造恰当的环境来渲染气氛，使空间形式具备一定的主题和相应的意境。公共空间的构造、装饰、室内陈设都要与主题融为一体，使人能触景生情，产生联想，并要满足展示和陈列的功能，使空间具有艺术性、观赏性、经济性和实用性。

7.5.1 案例赏析（表7-5）

郑州徽派艺术馆项目概况   表7-5

项目名称	郑州徽派艺术馆	设计单位	蓝色设计（郑州）
设计风格	现代简约		
设计人员	侯丽娟、乔飞、张振刚、徐砚斌、谢迎东、管商虎、刘佳飞		
设计灵感	"智者，知也。独见前闻，不惑于世，见微知著也。"——汉·班固 "唯天下之静者，乃能见微而知著。"——宋·苏洵 微·静 当客访，立其口，观山石，闻丝竹，感挑朴，临其境，心神怡，欲穷其内；缘道行，初极狭，复行数十步，豁然开朗，静谧空灵，器物俨然，茶香四溢，光影婆娑，一片怡静、自然、瑞和之象，踱步徜徉，步移景异，虚渺灵奥，若隐若现，看似轻描淡写，却构思巧妙，令人神往，似乎与"此中有真意，欲辨已忘言"存在着某种微妙的联系，只可于无意中得之而不可于有意中求之，便是空间中最耐人寻味之笔……		
主要用材	青砖、石材、木饰面、地毯		
色彩定位	该方案以黑白灰色系为主色调，局部点缀明亮的红色和自然的木色。这种色彩搭配营造出简洁、大气的现代美学空间，同时通过红色和木色的点缀为空间注入生机与温暖，展现出一种静谧、自然的氛围。融合徽派传统与现代极简时尚，使空间在视觉上更具层次感和艺术性		

郑州徽派艺术馆项目赏析

1. 设计立意

本方案设计师以徽派建筑为元素，白墙乌顶、砖木石雕、曲径回廊，俯首皆是古与今、曲与直、明与暗、虚与实的对比和用心雕刻的徽派文化元素。仿佛以白墙为纸，在谱写一曲徽韵华章。空间在收放、开合中自然叙事，调动参观者的情绪，在多维一体的连续空间中步移景异，呈现出不同角度的美感。色彩上以黑白灰色系为主调，时尚、精致、专注细节的现代人文气质油然而生，局部点缀明亮的红色造型凳和植物，为空间增加流动的色彩与生机感。原创艺术品的展示，使细节增添了更为丰富的层次与内涵。整体运用现代极简风格，黑白灰演绎出一个大气、时尚的现代美学空间，素木为主的家具、极具年代感的石雕、潮流的挂画、构思巧妙的配饰、光影婆娑的作品，现代元素与时代感并存，令人如置身于一方远离喧闹，心寄静谧，只能用心灵体悟、用感觉品味的净土。

2. 主入口

以青砖粉壁为基调，两种材质的肌理和色差作对比，主入口错落悬挂的木板装置、造型各异的山石、光斑光晕的相互衬托，营造出大气时尚的现代美学空间（图 7-50～图 7-53）。

图 7-50　主入口 1

图 7-51　主入口 2

图 7-52　主入口 3(左)
图 7-53　主入口局部
　　　　　（右）

3. 走廊

经过简化提炼的中式木栅元素在空间中重复使用，通过线条感的陈列，空间的流线、节奏起伏跌宕。古朴的雕塑、现代感的艺术装置，现代元素与时代感并存（图7-54～图7-57）。

4. 洽谈区

简单的线条在大块面的形体上勾勒出具有东方禅意的空间轮廓；以展柜、地毯、灯带法等元素完成空间层次的划分，用具有东方韵味的现代中式木质家具营造出具有感染力的展馆氛围，以多组原创的艺术装置强化出展馆的主题性（图7-58）。

5. 餐厅

木质家具的线条轻盈简洁，造型呈现出比较刚性的形态；自然触感的圆形石墩，造型柔美圆润，传递出东方传统所追求的刚柔并济，家具色彩也与界面装饰、陈设品的搭配相呼应，在营造沉稳静怡的氛围的同时，坚定地表达现代东方的美学态度（图7-59～图7-62）。

图7-54　走廊1

图7-55　走廊2

图7-56　走廊3

图7-57　走廊局部

图 7-58　洽谈区

图 7-59　会议区

图 7-60　茶室局部（左）
图 7-61　景观局部（右）

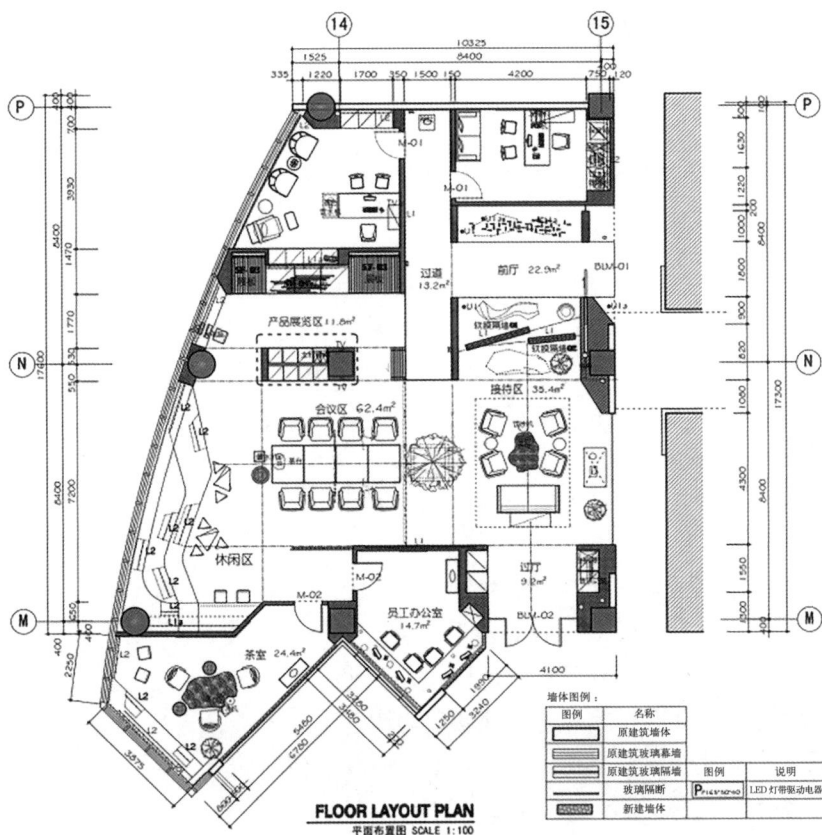

图 7-62 平面布置图

7.5.2 【看一看】

郑州徽派艺术馆项目实景
视频

【思考与练习】

从住宅、餐饮、办公、商业、展览展示等空间中选择任意两个空间进行室内陈设设计。要求：绘制平面图 1 张；绘制效果图 3 张；写出陈设品列表；用文字阐述具体装饰方案及选择依据；A3 纸图幅。

参考文献

[1] 北京照明学会照明设计专业委员会．照明设计手册 [M].3 版．北京：中国电力出版社，2016.

[2] 周太明，等．照明设计——从传统光源到 LED[M].上海：复旦大学出版社，2015.

[3] 郭明卓．照明法则 [M].南京：江苏凤凰科学技术出版社，2020.

[4] 艾晶．光之变革：照明质量评估方法与体系研究：美术馆篇 [M] 北京：文物出版社，2018.

[5] 艾晶．LED 在我国博物馆／美术馆中的应用现状分析 [J].照明工程学报，2016，27（3）：125-130.

[6] 刘子裕，刘卫军，杨汉立．室内陈设设计与环境艺术 [M].北京：清华大学出版社，2018.

[7] 张明，姚喆，沈娅．室内陈设设计 [M].北京：化学工业出版社，2018.

[8] 韩勇．家具与陈设 [M].北京：化学工业出版社，2017.

[9] 李宏．建筑装饰设计 [M].北京：中国建筑工业出版社，2018.

[10] 李江军．软装设计元素搭配手册 [M].北京：化学工业出版社，2018.

[11] 理想·宅．室内软装设计资料集 [M].北京：化学工业出版社，2018.

[12] 范文东．色彩搭配原理与技巧 [M].2 版．北京：清华大学出版社，2018.

[13] 杨翼．我国现代室内设计中陈设艺术的风格特色 [J].人民论坛，2019（33）：216-217.

[14] 张绮曼，郑曙旸．室内设计资料集 [M].北京：中国建筑工业出版社，1991.

[15] 来增祥，陆震纬．室内设计原理（上册）[M].2 版．北京：中国建筑工业出版社，2006.

[16] 陈维信．商业形象与商业环境设计 [M].南京：江苏科学技术出版社，2001.

[17] 洪麦恩，唐颖．现代商业空间艺术设计 [M].北京：中国建筑工业出版社，2006.

[18] 李亮．软装陈设设计 [M].南京：江苏凤凰科学技术出版社，2018.